소리의 시각화

비트의 펜으로 화음을 채색하다

융합기술 시리즈 6

소리의 시각화

비트의 펜으로 화음을 채색하다

채진욱, 김수정 공저

씨아이알

머리말

융합기술 시리즈를 준비하면서 꼭 다루고 싶었던 주제 중의 하나가 '소리의 시각화'였습니다. 대표적 감각기관인 시각과 청각을 융합하는 것은 기술 분야에서 아주 오래전부터 다뤄온 주제였고 피타고라스 이후의 많은 수학자와 물리학자가 소리를 기하학과 접목하는 데 많은 노력을 기울였던 만큼 저 역시도 '소리의 시각화'라는 주제는 늘 흥미롭고 관심이 가는 주제였으니까요.

하지만 제가 원고를 쓰는 내내 계속 주저했던 이유가 있었으니 바로 제가 시각적인, 좀 더 정확하게 표현하자면 미적인 감각이 아주 많이 떨어진다는 것이었습니다.
사운드 엔지니어로서 소리를 이야기할 때, 소리의 아름다움을 느낄 줄 알아야 한다는 것을 늘 강조하였는데 미적인 감각이 없는 제게 '시각화'라는 주제는 어쩌면 제가 감히 다루어서는 안 될 내용이었던 것이죠.
그래서 기술적인 내용들을 먼저 정리하고 미적인 부분을 채워줄 공저자를 기다렸습니다.

그러던 어느 날 10여 년 전 대학에서 저의 수업을 함께 했던 친구와 이야기를 나누던 중 '아! 이 친구라면 내 부족한 부분을 채워서 이 책을 마무리할 수 있겠다.'라는 생각이 들었습니다. 학부 시절 어렵기로 소문났던 제 수업을 훌륭하게 소화하였고 대학원에서는 영상음악을 전공한 만큼 시각적인 것과 청각적인 감각을 모두 갖추고 있으니 어쩌면 단순히 제게 부족한 미적인 감각을 채워주는 것뿐만 아니라 제가 기대했던 것 이상의 무엇인가를 만들어낼 수 있으리라는 생각도 들었고요.
이 책은 그렇게 마무리되어 갔습니다.

이 책을 쓰는 동안 저에게는 세 가지의 즐거움이 있었는데요.
첫 번째는 오랜 시간 준비해온 원고를 드디어 마무리하게 되었다는 개인적인 즐거움이었고요.
두 번째는 10여 년 전 저의 수업을 들었던 친구가 이제는 같이 글을 쓰는 동료로서 작업을 하게 되었다는 즐거움이었습니다. 14년 동안 대학에서 강의를 하면서 '언젠가 저 친구들과 함께 작업을 하고 연구를 하는 날이 오겠지.'라는 상상을 하고는 했었는데 그런 작업이 이뤄진 것이니까요.
세 번째는 '소리의 시각화'에 대한 이론적 설명과 구현을 통한 경험을 독자 여러분께 전달할 수 있다는 희망에서 오는 즐거움이었습니다. 융합의 시대를 살아가는 엔지니어들과 아티스트들 모두에게 어렵지 않게 쉽게 접근할 수 있는 책이 될 것이라는 생각에 즐거운 마음으로 한 문장 한 문장을 써 내려갔습니다.
부디 이 즐거운 마음이 이 책을 읽는 독자 여러분에게도 전달이 되길 소원합니다. 또한 여러분들이 이 책을 읽으며 소리의 시각화에 대한 즐거운 경험들을 하시게 된다면 그것이 저의 네 번째 즐거움이 되리라 생각합니다.

이 책이 나오기까지 수고해주신 씨아이알의 관계자 여러분과 박영지 편집장님, 그리고 항상 제 원고의 마지막을 함께 해주시는 김동희 편집자께 감사를 드리며 함께 원고를 마무리해준 김수정 선생과 책의 출간 소식에 기꺼이 축하의 글을 보내주신 경기대 전자디지털음악학과의 박병규 교수님께 감사를 드립니다. 또한 항상 묵묵히 지켜봐주시고 응원해주시는 부모님과 사랑하는 나의 아내에게 지면을 빌려 감사의 말을 전합니다.

2018년 여름

채진욱

추천사

현대예술의 많은 경우가 '공감각'을 이루는 형태로 나아가고 있습니다.

상호적으로 작동하는 우리의 감각 가운데 '소리의 시각화'는 인터랙티브 아트에 있어 가장 흥미로운 주제이기도 합니다.

이 책에서 다루고 있는 퓨어 데이터(Pure Data)를 통한 일련의 과정들은 사운드 디자인의 필수적인 지식을 제공함과 동시에 미디어 아트를 위한 실질적인 접근법을 우리에게 선사하고 있습니다.

상세한 예시와 궁금한 것들을 놓치지 않는 친절한 설명은 관심 있는 독자라면 쉽게 터득할 수 있게끔 도움을 주며, 책에서 소개하고 있는 다양한 패치들은 소리를 통한 영상제어를 효과적으로 구현하고 있습니다.

이 책은 미래의 사운드 / 비주얼 아티스트들에게 보기 드문 훌륭한 지침서가 되어줄 것입니다.

경기대학교 전자디지털음악학과 **박병규** 교수

목 차

Chapter 01

개 요

Chapter 01 개 요

이번 장에서는 소리의 시각화에 대한 기본적인 개념과 소리를 시각화하기 위해서 앞으로 사용하게 될 퓨어 데이터(Pure Data, 줄여서 Pd라고 쓰기도 합니다.)라는 소프트웨어의 소개, 그리고 설치 방법에 대해서 알아보도록 하겠습니다.

1.1 소리의 시각화에 대한 기본 개념

소리의 시각화는 소리를 입력해서 소리의 요소들을 뽑아내고, 소리의 요소를 시각적 요소로 변환(맵핑, Mapping)한 뒤, 시각적 정보로 출력하는 과정입니다.

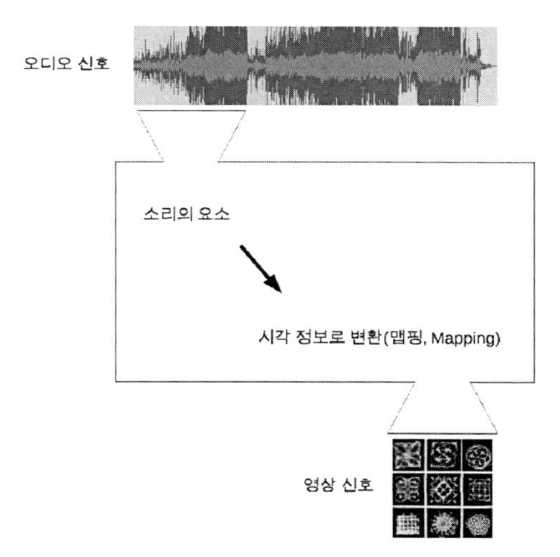

그림 1-1 소리의 시각화에 대한 개념

그림 1-1에서 보듯이 소리라고 하는 오디오 신호를 입력으로 집어넣으면 오디오 신호의 여러 가지 소리 요소들을 뽑아내고 그 요소들을 시각정보로 변환하여 영상 신호로 출력하는 것이 소리를 시각화하는 기본적인 과정에 해당합니다.

이를 위해서 소리의 요소에는 어떤 것들이 있는지, 또 시각적 요소에는 어떤 것들이 있는지에 대해서 간략하게 살펴볼 필요가 있습니다.
그래서 이번 장에서는 소리의 요소들과 시각적 요소들에 대하여 알아보고자 합니다.

1.1.1 소리의 3요소

소리를 다룰 때, 흔히 이야기되는 소리의 3요소는 음량(소리의 크기), 음고(소리의 높낮이), 음색(소리의 밝기)입니다. 이 3가지 요소는 소리를 분석하거나 소리를 합성해낼 때 가장 기본이 되는 요소입니다. 따라서 소리를 시각화하기 위해서 소리의 요소들을 뽑아낼 때도 저 3가지 요소를 중심으로 처리하게 됩니다.

소리의 3요소는 앞서 이야기한 것처럼 음량(소리의 크기), 음고(소리의 높낮이), 음색(소리의 밝기)인데요. 이 순서는 사람의 귀가 쉽게 반응하는 민감도의 순서이기도 합니다.

그럼 이제부터 소리의 3요소에 대해서 하나씩 살펴보도록 하겠습니다.

:: 음량(소리의 크기)

스마트폰을 이용하여 하나의 음악을 듣고 있다고 상상해보겠습니다. 여러분은 볼륨 업/다운 버튼을 이용해서 듣고 있는 음악의 음량을 키우거나 줄일 수 있죠. 이렇듯 소리의 크기를 음량이라고 합니다. 하지만 굳이 볼륨 업/다운 버튼을 조작하지 않더라도 하나의 음악 내에서도 계속 음량의 변화가 있음을 확인할 수 있습니다.

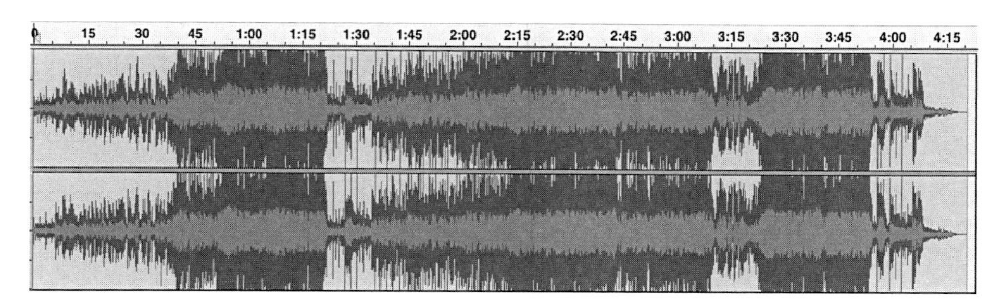

그림 1-2 한 곡 내에서의 음량의 변화

그림 1-2는 4분 15초의 길이를 가지고 있는 하나의 음악 내에서 음량의 변화를 보여주고 있습니다. 위아래로 꽉 차 있는 부분은 소리가 큰 부분(음량이 큰 부분)이고 위아래의 높이가 작은 부분은 소리가 작은 부분(음량이 작은 부분)에 해당이 됩니다. 이 높이를 진동의 폭이라는 의미로 진폭(Amplitude)이라고 합니다.

음량의 변화는 아주 짧은 순간에도 계속 변화가 생기는데요. 그림 1-2의 곡에서 1분부터 0.01초(100분의 1초) 간의 진폭의 변화를 살펴보겠습니다.

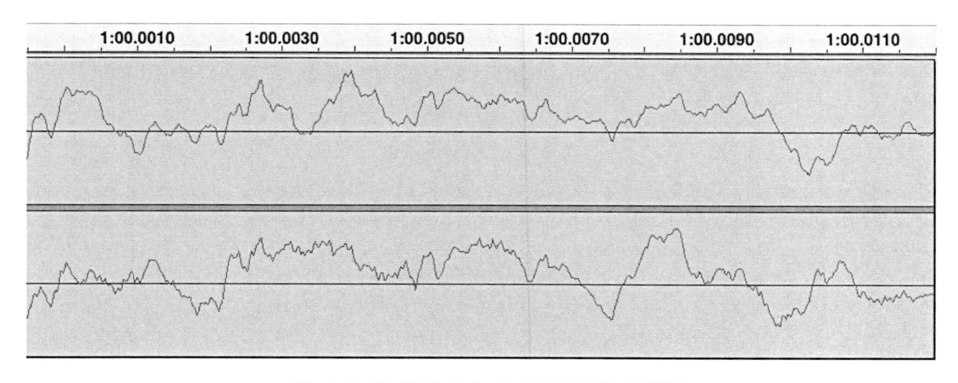

그림 1-3 한 곡의 0.01초 간의 음량의 변화

그림 1-3에서 보듯이 0.01초라는 아주 짧은 순간에도 음량이 끊임없이 변화하고 있

는 것을 확인할 수 있습니다.

이렇듯 소리와 음악은 시간의 흐름에 따라서 끊임없는 진폭의 변화를 만들어내며 이것을 소리의 첫 번째 요소인 음량(소리의 크기)이라고 합니다. 우리는 이 요소를 추출하여 영상을 제어하는 요소로 사용할 것입니다.

:: 음고(소리의 높낮이)

여러분이 하나의 노래를 부른다고 가정해보겠습니다. 그 노래에는 낮은 음도 있고 높은 음도 있을 것입니다. 이렇듯 소리의 높고 낮음을 나타내는 것이 음고(소리의 높낮이)입니다.
우리가 음악을 들을 때는 대개 주선율(대부분은 가장 크게 들리게 되는)의 음높이를 인지하게 되고요. 하나의 음악이나 소리에서 가장 크게 들리는 음의 높이를 그 음악, 또는 소리의 음높이로 인지하게 됩니다. (물론 음악을 들으면서 머릿속으로 여러 개의 악기소리를 분리해내고 각 악기의 음높이를 개별적으로 인지할 수도 있지요.)

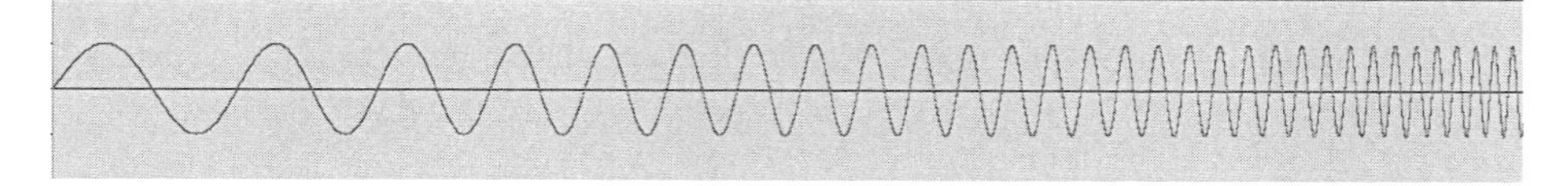

그림 1-4 음높이가 점점 올라가는 소리의 파형

음의 높낮이는 얼마나 빠르게 진동하는가와 관련이 있는데요. 그림 1-4를 보면 시간의 흐름에 따라서 진동수가 점점 높아지는 것을 알 수 있습니다. 그만큼 빠르게 진동하고 있는 것이죠. 이렇게 진동이 빠르면 높은 음을, 진동이 느리면 낮은 음을 내게 됩니다. (따라서 그림 1-4는 음의 높이가 점점 올라가고 있는 것을 그림을 통해서도 확인할 수 있습니다.

1초에 진동하는 진동수를 주파수라고 하고 헤르츠(Hz)로 표시하며 1초에 20번 진동하는 20Hz부터 1초에 20,000번 진동하는 20,000Hz까지를 사람이 인지할 수 있는 소리라고 해서 가청 주파수라고 합니다. (물론 가청 주파수는 사람에 따라서 조금씩의 차이를 가지고 있습니다.)

소리와 음악에서는 시간의 흐름에 따라서 끊임없는 진동수의 변화를 만들어내며 이것을 소리의 두 번째 요소인 음고(소리의 높낮이)라고 합니다. 우리는 이 요소를 추출하여 영상을 제어하는 요소로 사용하게 될 것입니다.

:: 음색(소리의 밝고 어둡기)

여러분이 지금 클래식 기타와 록스타일의 이펙트가 잔뜩 걸린 일렉트릭 기타 소리를 비교하고 있다고 상상해보겠습니다. 두 기타로 같은 음량, 같은 높이의 음을 냈을 때 우리는 별로 어렵지 않게 두 개의 소리를 구분해낼 수 있을 것입니다.
여러분의 상상 속 소리는 어떤가요?
클래식 기타의 소리는 둥글둥글하고 청아한 반면 록스타일의 이펙트가 잔뜩 걸린 일렉트릭 기타 소리는 날카롭고 공격적이며 힘이 있지 않나요?

이것을 설명하기 위해 여기 2개의 소리 파형을 제시하고자 합니다.

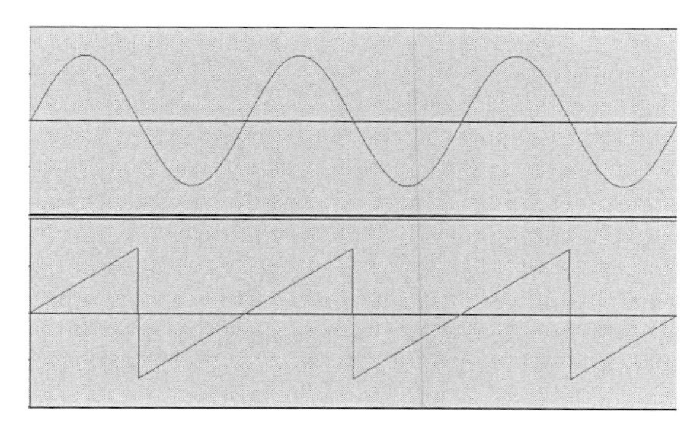

그림 1-5 같은 음량, 같은 음고를 갖는 두 개의 소리 파형

그림 1-5의 파형을 보면 어떤 파형의 소리가 더 부드러운 소리를 낼 것 같은가요?
어떤 파형의 소리가 더 날카로운 소리를 낼 거 같은가요?

여러분의 예상과 같이 위의 둥글둥글하게 생긴 파형은 부드러운 소리를 내고(정식 명칭은 정현파 또는 Sine Wave라고 합니다.) 아래의 뾰족뾰족하게 생긴 파형은 날카로운 소리를 냅니다. (정식 명칭은 톱니파 또는 Sawtooth Wave라고 합니다.)

둥글둥글하게 생긴 파형이 둥글둥글한 소리를 내고 날카롭게 생긴 파형이 날카로운 소리를 낸다는 사실이 참 흥미롭지 않나요?
그런데 실은 이렇게 소리의 파형만을 보고 음색을 분석해내는 일은 쉽지 않습니다.

그래서 두 가지 파형의 음색 차이를 더 자세히 살펴보기 위해 각 파형을 이루고 있는 주파수 성분을 FFT(Fast Fourier Transform, 고속 푸리에 변환)라는 방법을 이용해서 분석하게 됩니다.
그림 1-5의 정현파와 톱니파의 주파수 분석을 하면 다음과 같습니다.

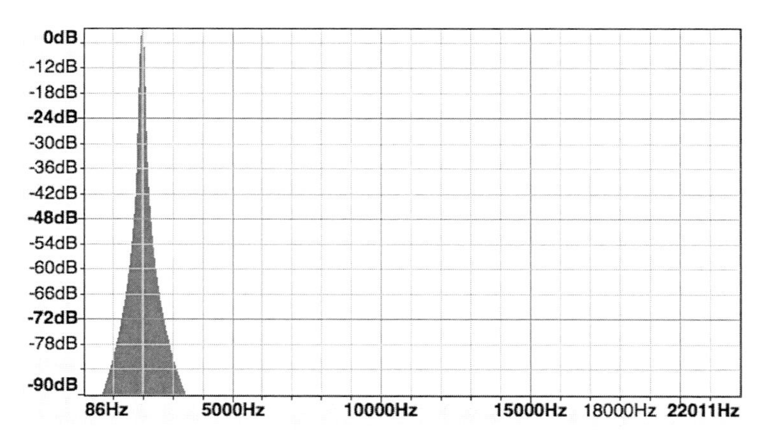

그림 1-6 2,000Hz 정현파의 주파수 성분분석

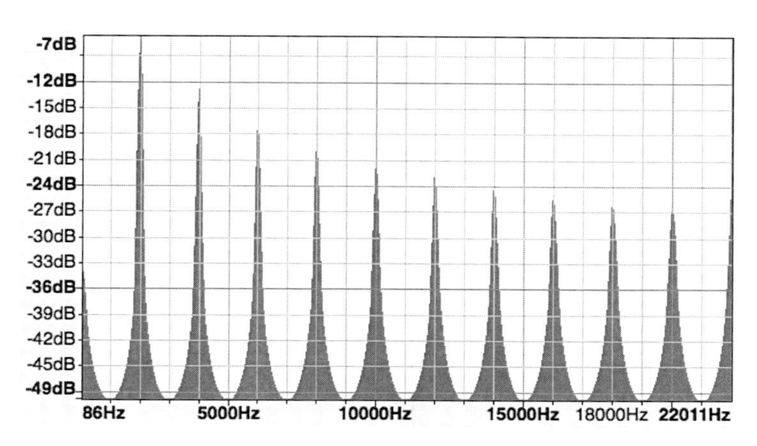

그림 1-7 2,000Hz 톱니파의 주파수 성분분석

그림 1-6, 1-7을 보면 2,000Hz 정현파의 경우는 2,000Hz 대역의 주파수 성분만 있는 반면, 2,000Hz 톱니파의 경우는 2,000Hz, 4,000Hz, 6,000Hz, 8,000Hz, 10,000Hz, 12,000Hz와 같이 2,000Hz라는 기본 주파수(이것을 기음이라고 합니다.)의 정수배가 되는 주파수 성분을 모두 포함하고 있습니다. (이것은 배음이라고 합니다.) 그래서 배음이 없는 정현파에 비해서 정수배의 배음이 많은 톱니파의 경우는 훨씬 날카롭고 찌르는 듯한 소리를 내게 됩니다. 이렇듯 음량과 음높이가 같다고 하더라도 그 소리가 가지고 있는 주파수 성분에 따라서 소리가 밝게 들리거나 어둡게 들리거나 하는 고유의 음색을 갖게 되는 것이죠.

소리와 음악에서는 시간의 흐름에 따라서 끊임없는 주파수 성분의 변화를 만들어내며 이것을 소리의 세 번째 요소인 음색(소리의 밝고 어두움)이라고 합니다. 우리는 이 요소를 추출하여 영상을 제어하는 요소로 사용하게 될 것입니다.

여기까지 소리의 시각화 작업을 위해서 입력으로 사용하게 될 소리, 또는 음악으로부터 뽑아낼 소리의 요소에 대하여 알아보았습니다.

1.1.2 시각적 요소들

이제 소리의 시각화 작업에서 출력으로 사용하게 될 시각적 요소들에 대하여 알아보도록 하겠습니다. 소리의 시각화 작업에서는 출력될 시각화 재료를 선택하는 일과 그 재료를 소리의 변화에 따라 적절하게 가공하는 일이 이루어지는데요. 여기서는 재료와 가공이라는 것에 초점을 맞춰 설명해가고자 합니다.

1.1.2.1 시각화 재료 : 조형 요소에 대한 제어

여러분이 그림판과 같은 이미지 편집 소프트웨어를 이용하여 이미지를 만들어내는 과정을 상상해보겠습니다.
다양한 작업 방식들이 있겠지만 기존의 이미지(그림파일이나 사진)를 불러와서 수정을 하거나 또는 이미지 편집 소프트웨어에서 제공하는 다양한 그리기 도구를 사용하여 새로운 그림을 그리는 방식으로 작업이 이루어질 것입니다. 그리기 도구는 붓, 펜, 선그리기, 도형그리기, 스탬프와 같이 일정한 무늬를 찍어내는 도구들이 존재하죠. 앞서 예로 든 것들이 모두 시각화의 재료라고 할 수 있습니다.

그렇다면 소리의 3요소와 더불어 재료로 사용될 수 있는 시각화 재료에 대하여 자세히 알아보고 또한 시각화 재료들을 가지고 어떠한 실험이 가능한지도 함께 알아보도록 하겠습니다.

시각화를 위한 조형(여러 가지 재료를 이용하여 구체적인 이미지를 만드는 것을 의미합니다.)에는 '조형 요소'(미술의 기본 단위)와 '조형 원리'(조형 요소가 상호작용하면서 나타나는 느낌)로 나눌 수 있습니다. 요리에 빗대어보자면, 조형 요소는 요리의 재료이고 조형 원리란 레시피(가공)라고 할 수 있죠.

우선 '조형 요소'는 크게 형, 색, 질감 세 가지를 말합니다.

그중 첫 번째 조형 요소인 '형'에는 점, 선, 면, 입체/공간이 있습니다.

:: 점

모든 형태의 최소 단위로, 앞서 예를 들었던 이미지 편집 소프트웨어에서 제공하는 그리기 도구 중 붓이나 펜이 점을 만들어내는 도구라고 할 수 있습니다.

:: 선

두 개 이상의 점이 연결된 것으로 역시 모든 조형의 기초가 됩니다.
위에서 언급한 그리기 도구인 붓이나 펜은 점들을 연속적으로 만들어내기 때문에 우리는 그것을 붓이나 펜이라고 인식하게 되는 것이죠.

:: 면

점이 모여 선이 되고, 선이 모여 면을 이룹니다. 이미지 편집 소프트웨어의 그리기 도구 중 원을 그리거나 사각형 등을 그릴 수 있는 면을 위한 도구도 있답니다. 면적을 가진 2차원의 평면으로 사물의 윤곽을 이루는 것이죠. 이와 같은 다양한 형태의 면도 시각화를 위한 재료로 사용할 수 있답니다.

:: 입체/공간

여러 면이 모이면 3차원 입체 형태의 모양을 표현할 수도 있겠죠? 마찬가지로 이미지 편집 소프트웨어에는 원뿔이나 정육면체와 같은 입체 모양들을 그릴 수 있는 도구가 있고, 입체나 공간 역시 좋은 시각화의 재료로 사용할 수 있지요.

첫 번째 조형 요소인 '형'과 함께 시각화 재료들을 살펴보았는데요. 이러한 형태 요소들이 어우러져 방향, 위치, 공간감을 나타냅니다. 우리는 앞으로 소리의 변화에 따라 위에 언급한 점, 선, 면, 입체/공간 등의 모양이 바뀌거나, 그 시각적 재료들의 크기를 키우거나 줄이는 등의 크기를 제어하는 실험을 할 것이며, 또한 시각적 재료들의 방향이나 위치가 소리에 의해 변화하는 실험을 함께 해볼 것입니다.

두 번째 조형 요소인 '색'에 대하여 알아볼까요?

:: 색

빛을 받아서 반사되는 물체 고유의 색을 우리는 눈을 통해 지각합니다. 이러한 색은 색상(빨강, 노랑, 파랑 따위로 구분하게 하는 고유의 특성), 명도(색의 밝고 어두운 정도), 그리고 채도(색의 선명한 정도)로 요소를 나눌 수 있습니다.

시각적 재료의 색은 소리의 시각화 실험을 위한 중요한 시각적 요소 중 하나입니다. 우리는 소리의 변화에 따라서 시각적 재료의 색을 제어할 수 있죠. 소리 요소들의 변화에 따라 배경색의 변화를 만들어내거나 또는 앞서 언급한 시각적 재료의 색상, 명도, 채도를 변화시킬 수 있답니다.

세 번째 조형 요소인 '질감'에 대해서도 알아보도록 할까요?

:: 질감

질감이란 이미지의 표면에서 느껴지는 느낌으로, 실제로 만져보지 않고도 느낄 수 있는 시각적 질감과 직접 만져 보아야만 알 수 있는 촉각적 질감으로 구분할 수 있습니다.

소리와 함께 질감을 제어하기 위하여 우리는 시각적 질감에 초점을 맞출 것입니다. 이때 시각적 질감은 편의상 무늬라고 하도록 하죠. 소리에 의해 시각적 재료의 무늬가 다양하게 변화하는 것을 실험할 수 있을 것입니다.

마지막 네 번째로 우리는 위 세 가지 조형 요소(형, 색, 질감)와 더불어 2, 3차원의 그림 형태뿐 아니라 '실제 이미지'도 시각적 재료로 사용할 수 있답니다.

:: 실제 이미지

촬영된 사진이나 동영상도 좋은 시각화의 재료로 사용할 수 있죠.

1.1.2.2 시각화 재료의 가공 : 조형 원리에 대한 제어

조형 원리는 앞서 표현했듯이 요리에서의 레시피를 말합니다. 조형 요소가 상호작용하면서 구성되어 전달되는 느낌을 말하는 것으로, 같은 요리 재료를 사용하여도 레시피에 따라 맛이 달라지듯 조형 원리에 따라 이미지가 나타내는 느낌은 달라질 수 있답니다.

조형 원리는 통일과 변화, 비례, 대칭, 반복, 율동(리듬), 점증(점이), 강조, 균형, 대비(대조) 등을 말합니다. 조형 요소를 가지고 시각적 제어 실험을 하기 위해서는 다양한 조형 원리를 알아야 시각적 재료에 대한 다채로운 변화를 표현할 수 있죠.

그럼 조형 원리에 대해 자세히 알아보며, 소리에 의해 조형 원리가 어떻게 제어될지도 함께 생각해볼까요?

:: 통일과 변화

조형 원리에서 가장 기본이 되는 것으로, 통일은 조형 요소들이 질서와 조화를 이루며 일관성을 갖게 하는 것을 말합니다. 반면 변화는 조형 요소들 간의 색, 형, 크기 등을 달리하여 단조롭지 않게 하는 것을 의미하는 것이죠.

:: 비례

시각적 재료의 부분과 부분 또는 전체와 부분 간의 길이나 면적의 비율을 말하는 것으로, 모든 모양은 가로, 세로의 비율에 따라서 그 느낌이 달라질 수 있답니다.

:: 대칭

축을 중심으로 접었다고 가정했을 때, 양쪽이 완전하게 같은 것을 의미합니다.

:: 반복

말 그대로 같은 모양을 연속적으로 되풀이하는 것을 말합니다.

:: 율동(리듬)

일정한 간격을 두고 모양이 규칙 혹은 불규칙하게 반복하는 데서 생기는 것으로 운동감이나 리듬감이 느껴지는 조형 원리이죠.

:: 점증(점이)

크기나 명도 등이 점차적으로 변하는 것을 말합니다.

:: 강조

형 또는 색을 이용하여 특정한 부분만 다른 요소로 강하게 표현하는 것을 말합니다.

:: 균형

무게나 힘이 어느 한쪽으로 치우치지 않고 시각적인 안정감을 주는 것을 말합니다.

:: 대비(대조)

서로 상반되는 요소를 대립하도록 배치시켜 차이가 두드러지도록 하는 방식을 말한답니다.

이러한 조형 원리들은 소리에 의해 조형 요소가 단순히 하나의 모양(면, 입체, 도형, 무늬 등을 편의상 모양이라고 부르도록 하겠습니다.)이 변화하는 것을 넘어서 여러 개의 도형이 소리에 의해 질서와 조화를 이루거나(조형 원리 : 통일) 또는 전부 다르게 표현되는 방식(조형 원리 : 변화)으로 변화를 이끌어낼 수도 있을 것입니다. 또한 조형 요소의 크기만 제어할 수 있는 것이 아니라 비율을 소리에 의해 제어하여 다른 느낌으로 시각적 재료가 표현되는 것도 볼 수 있겠죠(조형 원리 : 비례).

위에 언급한 다양한 조형 원리(레시피)를 이용한 실험을 한다면 조형 요소(요리 재료)들을 형태, 크기, 색채, 질감, 방향, 위치, 공간감만을 단순히 변화시키는 것을 넘어서 다채로운 맛을 내게 되겠네요.

지금까지 우리는 소리의 3가지 요소와 시각화 요소들에 대하여 알아보았습니다. 이제부터 이 각각의 요소들을 어떻게 조합시켜가면서 소리를 시각화할 것인지에 대하여 다양한 실험을 통해 익혀가도록 할 것입니다.

1.2 퓨어 데이터(Pure Data) 소개 및 설치

앞서 우리는 소리를 시각화하는 데 필요한 기본적인 개념에 대해서 이야기를 했습니다. 이 책은 퓨어 데이터(Pure Data, Pd)라는 소프트웨어를 이용하여 컴퓨터에서 재생되는 음악이나 사운드를 컴퓨터 화면을 통해서 시각화하는 방법에 대해서 이야기하게 됩니다.

이를 위해서 퓨어 데이터(Pure Data, Pd)를 먼저 여러분의 컴퓨터에 설치해야 할 텐데요. 이번 장에서는 퓨어 데이터에 대해서 간단하게 알아보고 설치하는 방법에 대해서도 알아보도록 하겠습니다.

:: Pure Data의 소개

Pure Data는 1990년대 밀러 푸켓(Miller Puckette)이 인터랙티브 컴퓨터 뮤직(Interactive Computer Music)과 멀티미디어 작업을 하기에 용이하게끔 개발한 비주얼 프로그래밍 언어입니다. Pure Data는 오픈소스 프로젝트이기 때문에 사용자가 별도의 비용을 지불하지 않고 자유롭게 사용할 수 있는 소프트웨어고요.

사용자는 그림을 그리듯 각각의 고유한 기능을 가지고 있는 오브젝트라는 박스를 만들어 배치하고 그 박스들을 선으로 연결함으로써 소리를 만들어내거나 영상을 만들어 낼 수 있습니다.

그림 1-8 Pure Data를 이용한 리버브(Reverb)의 구현 예제

그림 1-8은 Pure Data를 이용해서 간단하게 리버브(Reverb)를 구현한 예인데요.

[adc~1]은 컴퓨터에 연결된 오디오 입력단자(예를 들어 마이크와 같은)를 통해서 소리를 입력받는 역할을 하는 박스(오브젝트)고요. [freeverb~]는 잔향효과(Reverb)를 만들어주는 역할을 하는 박스(오브젝트)죠. 그리고 [dac~]는 컴퓨터에 연결된 오디오 출력단자(예를 들어 스피커와 같은)를 통해서 소리를 출력하는 역할을 하는 박스(오브젝트)입니다. 이렇듯 각각의 고유한 역할을 하는 박스(오브젝트)들을 선으로 연결하여 원하는 결과를 얻어내는 방식이 비주얼 프로그래밍입니다. (아직은 위의 패치를 이해할 필요는 없고요. 다만 어떤 식으로 프로그래밍을 하는지에 대한 감만 잡으면 됩니다.)
그럼 이제 Pure Data를 설치하는 방법에 대하여 알아보도록 하겠습니다.

:: Pure Data의 설치

Pure Data는 윈도우(Windows), 맥 OS(Mac OS), 리눅스(Linux) 등 대부분의 OS에서 실행이 가능하게끔 배포되고 있습니다. 따라서 여러분이 사용하는 OS에 맞는 배포판을 다운받아서 사용하시면 됩니다.
Pure Data는 기본적인 기능만을 가지고 있는 바닐라(Pd-Vanilla) 버전과 다양한 라이브러리를 함께 포함시킨 익스텐디드(Pd-Extended) 버전이 있는데 우리는 GEM(Graphics Environment for Multimedia)과 같은 추가적인 라이브러리를 사용해야 하므로 설치의 편의성을 위해서 익스텐디드 버전(Pd - Extended)을 설치하여 사용할 것입니다.

설치를 위해서 검색엔진에서 Pure Data extended를 검색합니다.

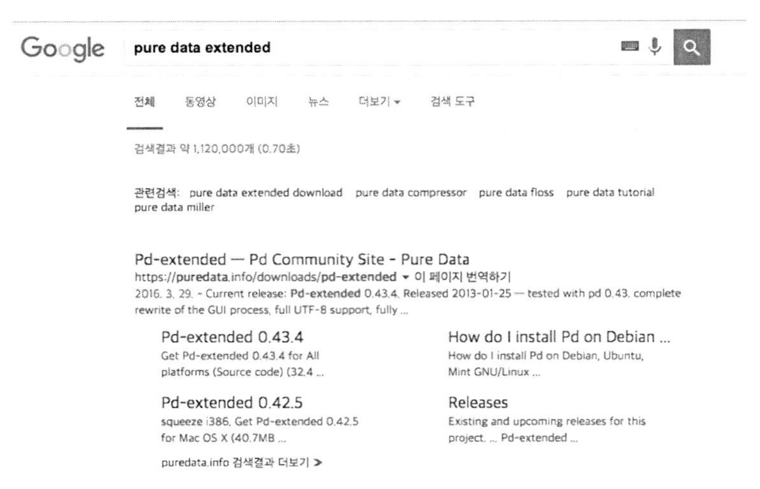

그림 1-9 pure data extended 검색 결과

검색된 제일 우선순위의 결과를 클릭하면 Pure Data Extended를 다운받을 수 있는 그림 1-10과 같은 페이지가 나타나게 됩니다.

페이지의 주소는 다음과 같습니다.

https://puredata.info/downloads/pd-extended

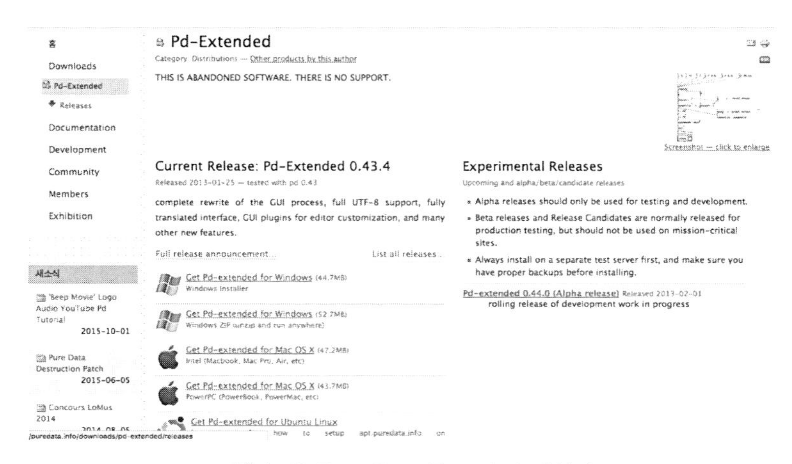

그림 1-10 Pure Data Extended 페이지

여기서 여러분이 사용하는 OS에 맞는 Pd-Extended를 다운받으면 됩니다.
윈도우의 경우는 설치 버전과(Windows Installer) 무설치 버전(Windows ZIP(Unzip and Run anywhere)) 중에서 선택해서 다운받을 수 있습니다.
Mac OS의 경우는 PowerPC CPU와 Intel CPU 버전 중에 선택해서 다운받을 수 있습니다. 아주 오래된 맥이 아니라면 Intel CPU용 Pd-Extended를 다운받아 설치하면 됩니다. (Mac OS의 경우 설치를 마친 후 처음 프로그램을 실행했을 때, X11을 설치하라는 경고창이 나타날 수도 있습니다. 이때는 링크를 클릭해서 XQuartz를 설치하면 됩니다. 또는 https://www.xquartz.org에서 XQuartz를 직접 다운받아 설치해도 됩니다.)

설치를 마쳤다면 여느 응용 프로그램을 실행시키는 것과 같은 방법으로 Pd(Pure Data를 줄여서 Pd라고도 쓰며 우리도 앞으로는 Pd로 줄여서 부르기로 할 것입니다.)를 실행시켜보도록 하겠습니다.

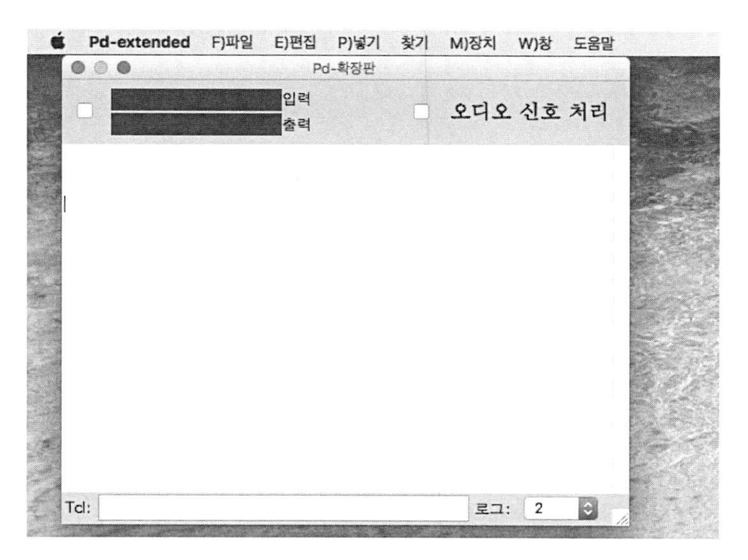

그림 1-11 Pd-Extended의 실행 모습

그림 1-11과 같은 화면이 나타났다면 '장치 - 오디오 및 MIDI 점검' 메뉴를 선택합니다.

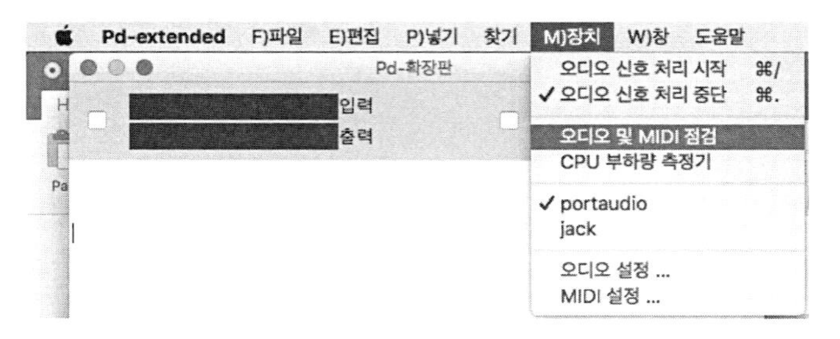

그림 1-12 오디오 및 MIDI 점검 메뉴 선택

메뉴를 선택하면 그림 1-13과 같은 창이 나타나게 되는데 여기서 Pd가 정상적으로 동작하는지 확인을 할 수 있습니다.

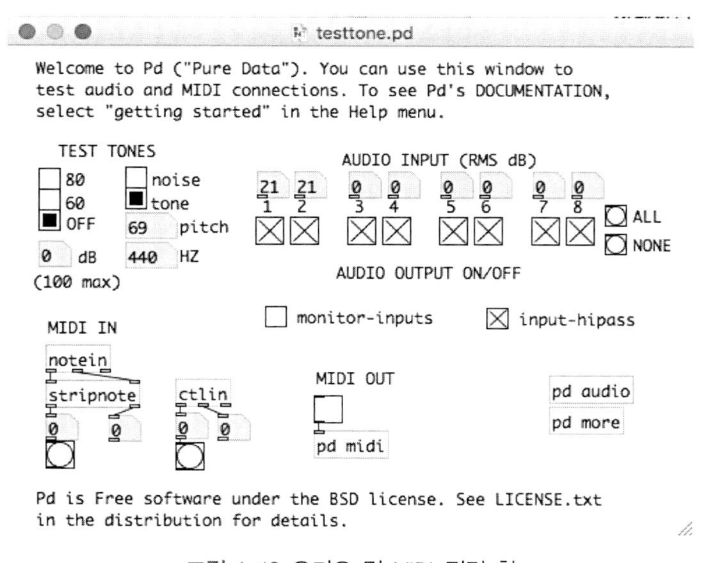

그림 1-13 오디오 및 MIDI 점검 창

오디오 및 MIDI 점검 창의 좌측 상단에 TEST TONES 아래에 OFF, 60, 80이라고 되어 있는 부분에서 60을 선택하면 투명한 소리가 작게 날것입니다. 다시 80을 선택하면 좀 더 크게 소리가 나게 됩니다. 다시 60을 선택하고 그 오른편 noise, tone이라고 되어 있는 곳에서 noise를 선택하여 '치~' 소리처럼 들리는 노이즈 소리가 나는지 확인을 해보겠습니다.
여기까지 확인이 되었다면 Pd-Extended의 설치와 동작 확인을 마친 것입니다.

이 책에서는 퓨어 데이터로 구현한 패치들의 동작 동영상을 QR 코드로 제작하여 첨부해놓았습니다. 여러분이 만들 패치가 어떻게 동작하는지 스마트폰이나 태블릿 PC로 QR 코드를 스캔하여 동영상으로 확인해보시기 바랍니다.

Chapter 02

음량에 대한 정보 추출하기

Chapter

02 음량에 대한 정보 추출하기

소리를 시각화하기 위한 도구인 퓨어 데이터(Pure Data, Pd)도 설치했고 소리의 시각화에 대한 기본 개념에 대해서도 살펴보았으니 이제 본격적으로 소리를 시각화하는 방법에 대해서 다뤄보고자 합니다. 이번 장에서는 그 첫 번째 방법으로 하나의 음악, 또는 사운드로부터 소리의 3가지 요소 중 음량에 대한 정보를 뽑아내고 그것을 시각화하는 방법에 대해서 알아보도록 하겠습니다.

2.1 레벨 미터(Level Meter)

:: 소개

레벨 미터는 오디오 신호의 크기(음량)를 시각적으로 보여주는 도구로 주변에서 그리 어렵지 않게 볼 수 있는 도구이기도 합니다.

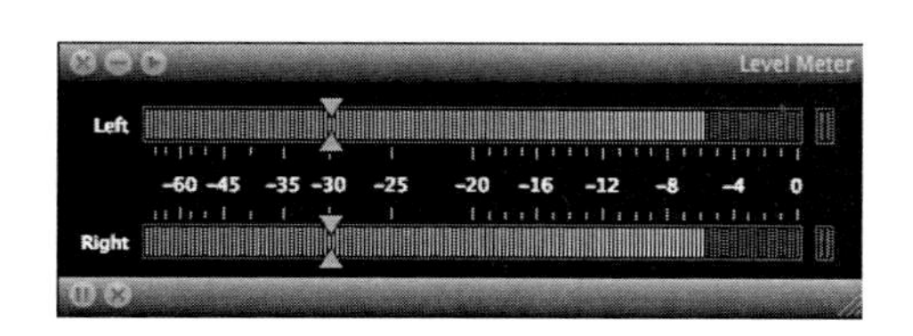

그림 2-1 다양한 레벨 미터(Level Meter)

그림 2-1은 주변에서 볼 수 있는 레벨 미터들을 보여주고 있는데요. 아마 여러분에게도 그리 낯설지 않은 도구라 생각합니다.

:: Pure data에서 레벨 미터 구현

그럼 이제부터 Pd(퓨어 데이터, Pure data)를 이용하여 레벨 미터를 구현하는 방법에 대하여 알아보도록 하겠습니다.

Step 1. 오디오 파일 불러오기

Pd를 실행시키고 새로운 파일을 하나 생성합니다.

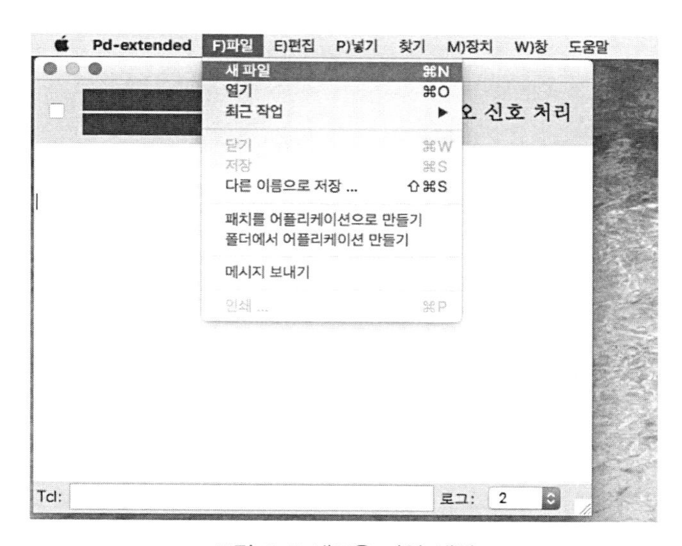

그림 2-2 새로운 파일 생성

이제 빈 파일이 하나 생성되었습니다. 여기서 넣기→객체 메뉴를 통해서 새로운 객체를 하나 생성합니다.

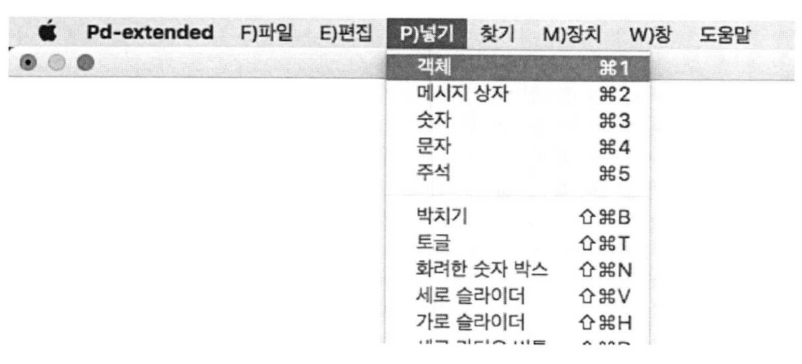

그림 2-3 객체 넣기 메뉴 선택

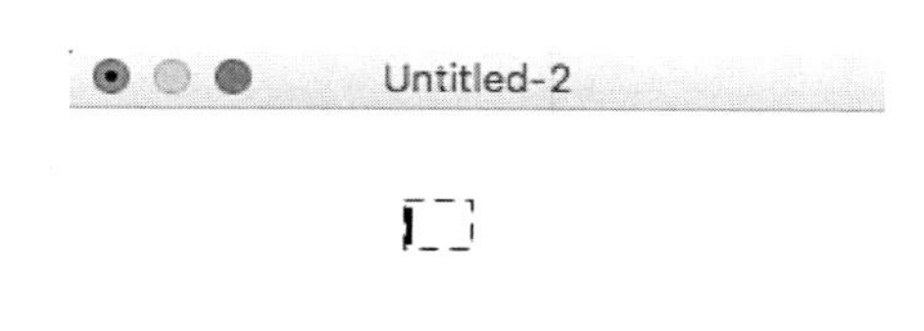

그림 2-4 객체가 생성된 모습

객체가 생성되고 나면 무엇인가를 입력할 수 있는 커서(Cursor)가 깜빡거리는 것을 확인할 수 있습니다. 여기서 bng라고 입력을 한 후 화면의 빈 곳을 클릭하면 그림 2-5와 같이 객체가 바뀌게 됩니다.

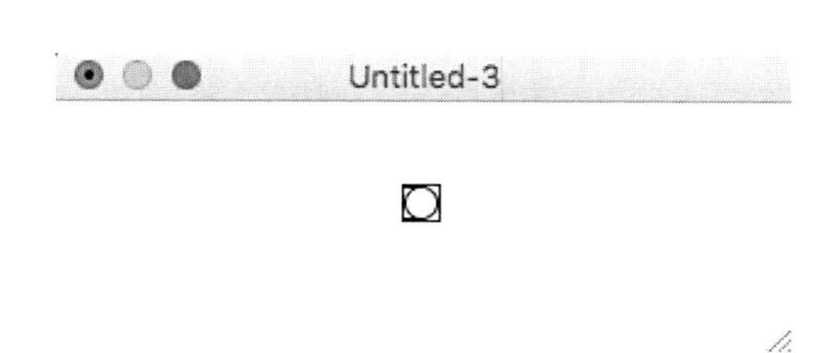

그림 2-5 뱅(bng) 객체가 생성된 모습

뱅(bng) 객체는 버튼과 같은 역할을 하기도 하고 어떤 신호가 들어오는 것을 확인할 수 있는 용도로도 활용이 가능합니다. 여기서는 버튼으로 사용을 하겠지만 뱅(bng) 객체를 사용하여 소리를 시각화하는 데 응용도 가능할 것입니다.

다시 새로운 객체를 생성해서 이번에는 openpanel이라고 입력을 하고 화면의 빈 곳을 클릭해보겠습니다.

그림 2-6과 같이 객체가 만들어졌나요?

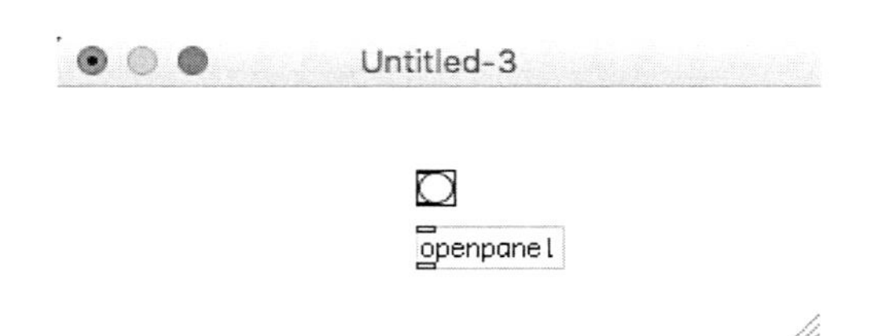

그림 2-6 [openpanel] 객체가 생성된 모습

[openpanel] 객체는 파일을 선택하기 위한 창을 열게 하는 객체입니다. 그럼 어떻게 파일 선택창을 열게 할 수 있을까요? 우리는 [bng] 객체를 클릭했을 때 파일 선택창이 열리게 할 것입니다. 이를 위해서 [bng] 객체와 [openpanel] 객체를 연결합니다.
각 객체들을 보면 객체의 위와 아래에 작은 표시가 있는 것을 볼 수 있습니다. 객체의 윗부분은 신호의 입력을, 아랫부분은 신호의 출력을 나타냅니다. 그래서 윗부분을 Inlet, 아랫부분을 Outlet이라고 부르기도 합니다. 이곳에 마우스포인터를 가져다 대면 그림 2-7과 같이 원형의 포인터로 바뀌는데요.

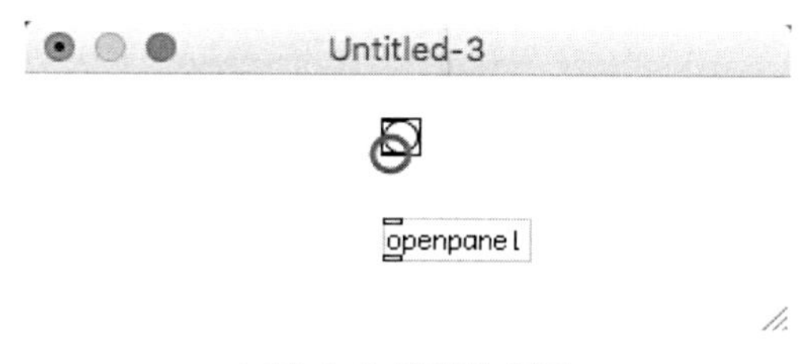

그림 2-7 객체의 연결

이때 클릭을 하고 연결하고자 하는 객체의 입력이나 출력까지 드래그앤 드롭을 하면 선으로 두 개의 객체가 연결이 됩니다.
우리는 뱅의 출력(Outlet)을 [openpanel]의 입력(Inlet)으로 연결하여 [bng] 객체를 클릭했을 때 [openpanel] 객체가 동작하도록 할 것입니다.

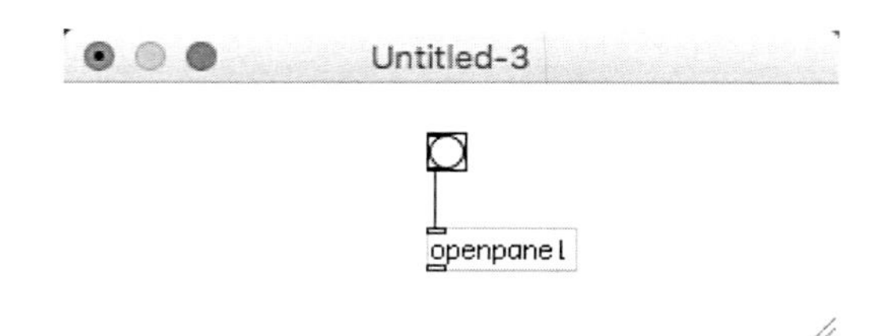

그림 2-8 [bng] 객체와 [openpanel] 객체를 연결한 상태

그럼 뱅을 눌렀을 때 파일 선택창이 열리는지 확인을 해볼까요?
Pd는 편집 모드와 실행 모드가 있는데요. 지금까지 우리는 편집 모드에서 편집을 하고 있었던 거고요. 이제 실행을 위해서 실행 모드로 전환을 할 것입니다. 실행 모드로 전환을 하려면 메뉴 편집 → 편집 모드를 클릭해서 편집 모드를 해제하면 됩니다.

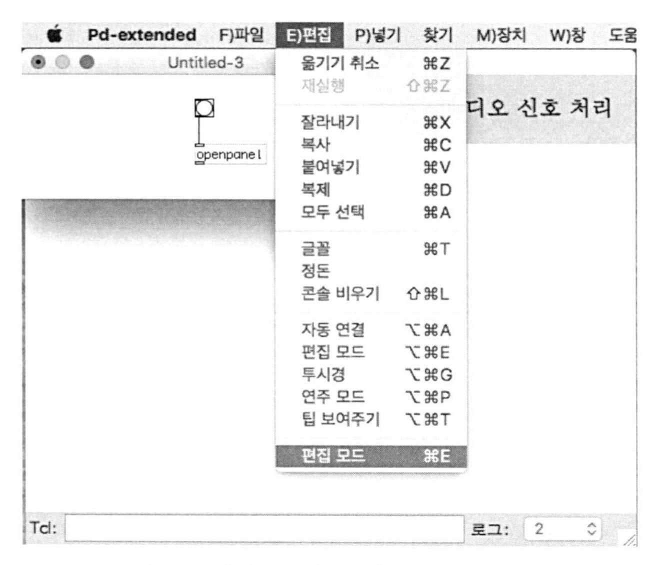

그림 2-9 편집 모드의 해제(실행 모드로 전환)

편집 모드를 해제하여 실행 모드로 바뀌면 손가락 모양의 포인터가 화살표 모양의 포인터로 바뀌게 됩니다. 그럼 이제 뱅을 클릭해보겠습니다.

파일을 선택하는 창이 열리나요? 여기서 파일을 선택하고 '열기'를 클릭해도 아무런 일은 일어나지 않습니다. 왜냐하면 [openpanel]의 출력이 아무런 객체와도 연결이 되어 있지 않으니까요.

그럼 다시 편집 모드로 전환을 하고 계속 프로그래밍을 이어가도록 하겠습니다.

이번에도 객체를 하나 만들고 이번에는 readsf~ 2라고 입력을 하고 화면의 빈 곳을 클릭합니다. [readsf~] 객체는 wav나 aiff와 같은 파일을 열어서 재생하는 역할을 하는 객체입니다. 2라고 쓴 것은 출력하는 채널을 설정해주는 옵션입니다. 그냥 readsf~만을 입력하면 모노출력을 하게 됩니다. 우리는 스테레오로 출력할 것이기에 2라고 하는 옵션을 설정한 것입니다.

물결 표시(~)는 오디오 신호와 관련된 객체에 붙는 표시입니다. 객체의 이름을 보면 그 객체가 소리와 관련된 역할을 하는 객체인지 아닌지를 대략 눈치챌 수 있습니다.

또한 소리와 관련된 역할을 하는 Inlet이나 Outlet은 검게 채워져 있는 것도 확인할 수 있을 것입니다.

그림 2-10 readsf~ 객체 생성

[readsf~ 2] 객체는 1개의 Inlet과 3개의 Outlet이 있고 3개의 Outlet 중 2개가 소리와 관련된 Outlet인 것을 알 수 있네요. 2개의 소리와 관련된 Outlet은 스테레오 채널을 의미하고 있음을 알 수 있습니다.

입력으로 사용되는 하나의 Inlet은 재생하고자 하는 파일의 경로를 정하거나(open), 재생(start), 또는 멈춤(stop) 등의 명령을 연결하여 사용하게 됩니다. 이와 같은 명령은 객체(오브젝트, Object)가 아니라 메시지(Message)라고 하는 형식을 사용하게 됩니다. 그럼 start, stop 메시지 상자를 만들어보도록 하겠습니다.
메뉴 넣기 → 메시지 상자를 선택합니다.

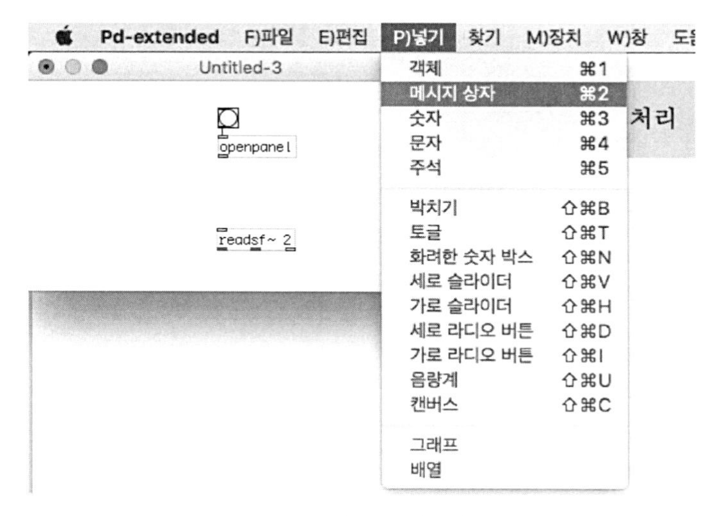

그림 2-11 메시지 상자 생성

이번에는 객체와는 달리 오른쪽 끝부분이 날개처럼 생긴 상자가 만들어지고 무엇인가를 입력할 수 있도록 커서(Cursor)가 깜빡거리고 있습니다.

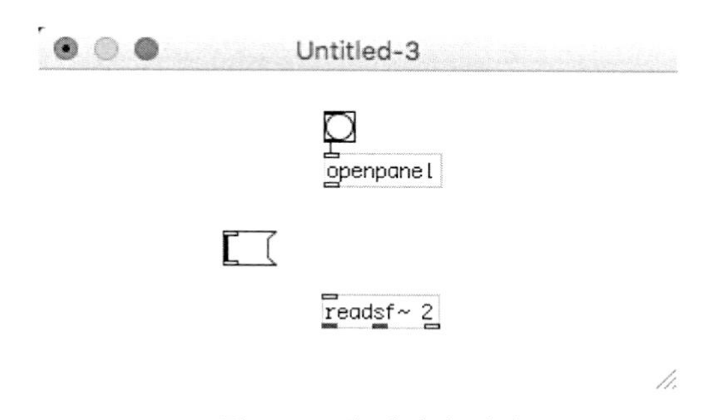

그림 2-12 빈 메시지 상자

객체를 만들 때와 같은 방법으로 start라고 입력한 후 화면의 빈 공간을 클릭합니다. 그리고 [start (메시지 상자의 출력을 [readsf~ 2] 객체의 입력에 연결합니다. 연결방법은 객체끼리 연결을 했을 때와 동일합니다.

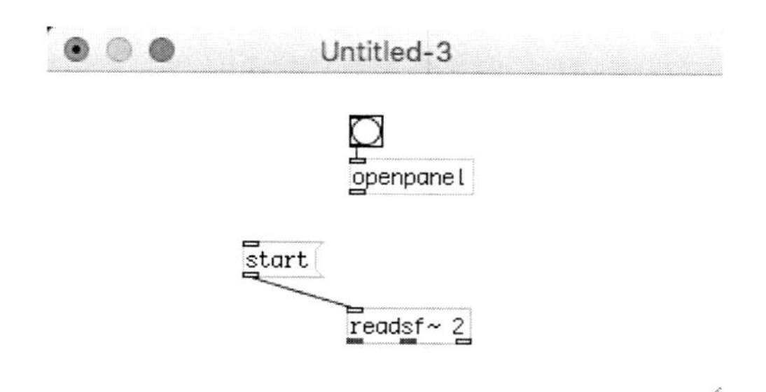

그림 2-13 [start (메시지 상자와 [readsf~ 2] 객체의 연결

위와 같은 방법으로 [stop (메시지 상자도 만들어서 연결을 해보도록 하겠습니다.

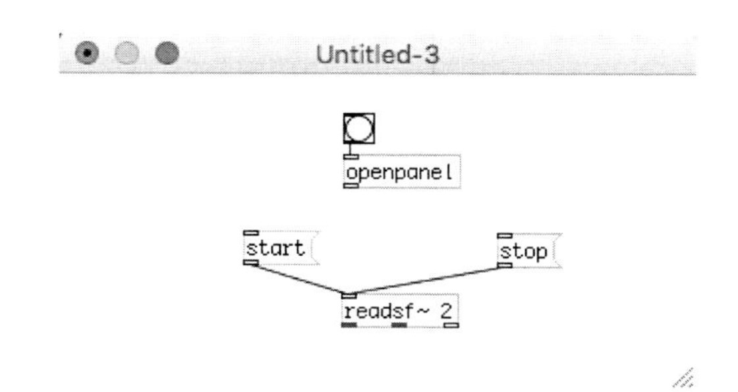

그림 2-14 [stop (메시지 상자와 [readsf~ 2] 객체의 연결

이제 재생하고자 하는 파일의 경로를 설정하는 메시지 상자만 만들어서 연결하면 되겠네요.
이때 사용하는 명령이 open인데요. 원래는 open testwave.wav와 같이 open 명령 옆에 열고자 하는 파일의 경로와 파일 이름을 옵션으로 사용하면 됩니다. 하지만 우리는 이미 위에서 파일 선택창을 열어서 파일의 경로와 이름까지 선택할 수 있게끔 미리 패치를 만들어놓았죠. 그 경로와 파일 이름을 그대로 메시지 상자에서 불러올 수 있게 해주는 방법이 있는데요. 바로 $라는 표시입니다. $라는 표시는 Inlet을 통해서 들어온 값을 $ 표시가 붙은 위치에 그대로 치환하게 됩니다.

이를 위해서 새로운 메시지 상자를 만들어 open $1이라고 입력해보도록 하겠습니다. 그리고 그림 2-15와 같이 연결을 합니다.

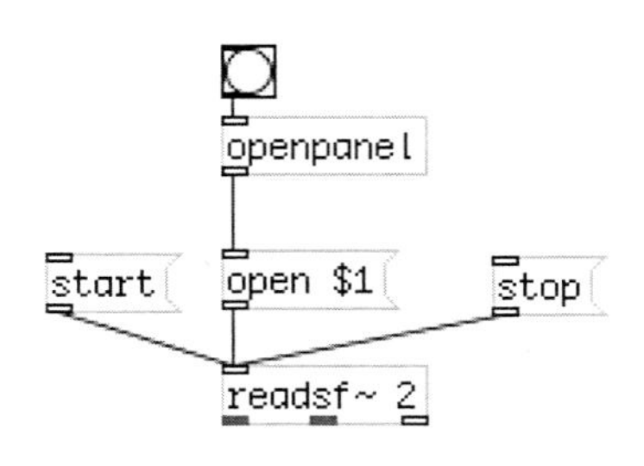

그림 2-15 [open (메시지 상자의 연결

이제 편집 모드를 해제하여 실행 모드로 전환하고 뱅을 클릭하면 파일 선택창이 열리고 여기서 wav 파일을 선택하면 그 파일의 경로와 파일 이름이 [open $1 (메시지 상자의 $1 부분에 치환된 후, [readsf~ 2]에게 해당하는 파일을 열라고 명령을 내리게 되는 것입니다. 그리고 [start (메시지 상자를 클릭하면 wav 파일이 재생이 되죠. 그런데 이상합니다. 소리가 나지 않습니다.
왜냐하면 [readsf~ 2]에서 wav 파일의 재생을 하고 있어도 그 소리를 컴퓨터의 오디오 시스템을 통해서 출력하라는 설정을 안했기 때문이죠. 이를 위해서 사용할 객체가 [dac~]입니다. 물결 표시(~)가 있는 것으로 보아 소리와 관련된 객체임을 눈치챌 수 있고요. dac는 디지털 신호를 아날로그 신호로 변환해주는 Digital to Analog Convertor를 의미합니다.
[dac~] 객체는 오디오 신호를 출력할 채널을 옵션으로 설정할 수 있는데 일반적인 컴퓨터의 오디오 설정에서는 1번이 왼쪽 채널, 2번이 오른쪽 채널을 사용하고 있기에 dac~ 1 2라는 객체를 만들고 그림 2-16과 같이 연결을 하면 됩니다.

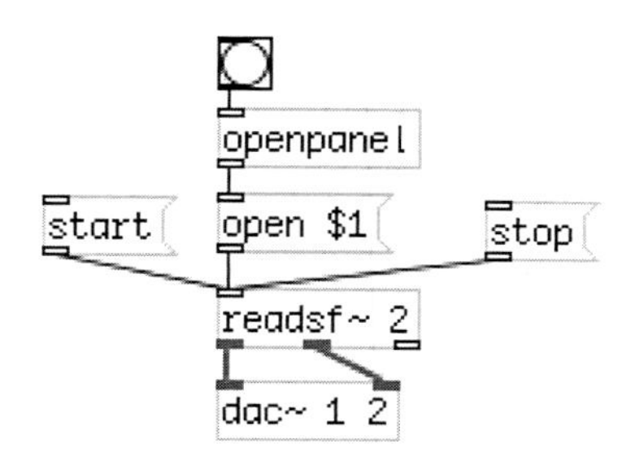

그림 2-16 [dac~1 2] 객체의 연결

이제 모든 연결이 끝났으니 다시 한번 실행 모드로 전환하고 뱅을 클릭해서 파일을 선택한 후 [start (메시지 상자를 클릭해보겠습니다. 역시나 이번에도 소리가 나지 않는군요.

Pd에서는 소리를 내기 위해서는 DSP(오디오 신호 처리)라는 것이 켜져 있어야 합니다. 이것은 메뉴 장치 → 오디오 신호 처리 시작 / 장치 → 오디오 신호 처리 중단을 선택해서 켜거나 끌 수 있습니다.

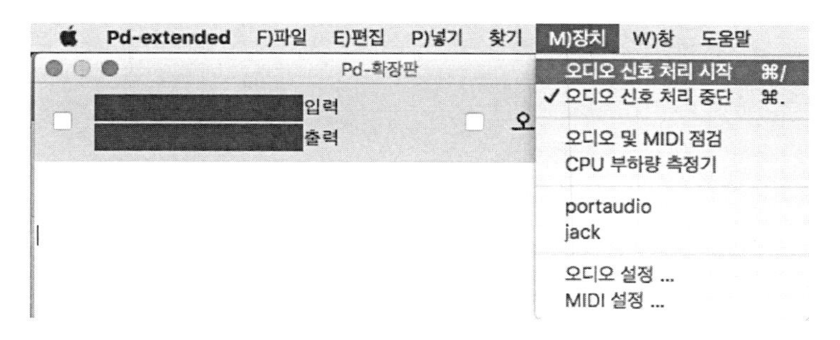

그림 2-17 오디오 신호 처리 시작/중단

이제 오디오 신호 처리 시작을 선택하고 다시 파일을 선택한 후에 [start (메시지 상자를 클릭해봅시다. 여러분이 선택한 wav 파일이 재생되나요?

그림 2-17 오른편의 QR 코드를 스캔하면 그림 2-16의 완성된 패치가 동작하는 영상을 스마트폰이나 태블릿 PC 등을 이용하여 확인할 수 있습니다. 이후에도 하나의 패치가 완성될 때마다 그 옆에 QR 코드를 함께 표시하였으니 동작하는 영상을 비교하면서 여러분이 만든 패치가 제대로 동작하는지를 확인하실 수 있을 것입니다.

드디어 여러분의 첫 번째 Pd 패치가 만들어졌네요. 수고하셨습니다.

Step 2. 음량 요소 뽑아내기

앞서 만든 패치를 통해 재생되는 사운드에서 음량에 대한 정보를 뽑아내기 위해서 우리는 [env~]이라는 객체를 사용하게 될 것입니다. [env~] 객체는 물결 표시(~)를 통해서 알 수 있듯이 소리와 관련된 객체이고요. 엔빌로프(Envelope), 즉 소리의 음량에 대한 외곽선 정보를 뽑아내는 객체입니다. 음량에 대한 외곽선이라고 하니 감이 잘 안 오나요? 앞서 1.1.1 소리의 3요소 중 음량에 대한 이야기를 다루면서 음악전체에 대한 음량크기의 변화를 볼 수 있으며 그것을 아주 짧은 시간으로 보면 그 안에서도 끊이지 않고 음량의 변화가 있음을 확인했었습니다. 그런데 우리는 대략적인 음량의 변화만을 뽑아내면 되기에 그야말로 음량의 외곽을 뽑아내기 위한 [env~] 객체를 사용하는 것입니다. 그럼 [env~] 객체를 만들고 [readsf~ 2] 객체의 출력을 받아오도록 해보죠. 그리고 [env~]을 통해서 얻어낸 음량의 변화에 대한 값을 확인하기 위해서 숫자상자를 만들어서 [env~]의 Outlet에 연결해보도록 하겠습니다. 숫자상자는 넣기→숫자를 통해서 만들면 됩니다.
이제 오디오 신호 처리(이제부터는 DSP라고 부르겠습니다.)를 시작하고 파일을 선택하고 [start (메시지 상자를 클릭해서 사운드를 재생하면 숫자상자의 값이 변하는 것을 알 수 있습니다.

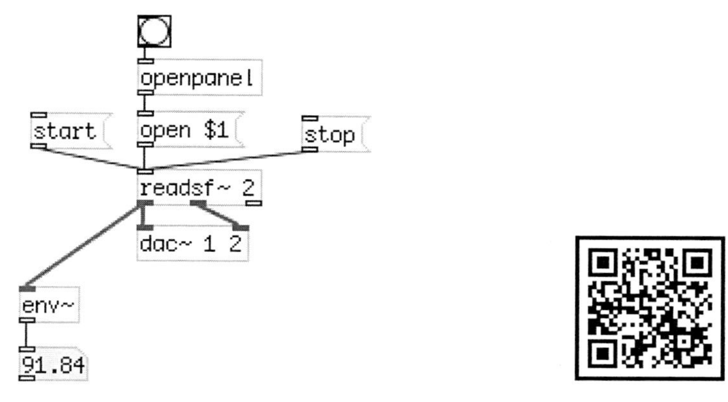

그림 2-18 [env~] 객체, 숫자상자의 연결

숫자상자를 자세히 들여다보면 소리가 안 날 때 0, 그리고 소리가 커지면 커질수록 그 값이 커져서 제일 큰 소리가 나면 100 정도의 값을 갖는 것을 알 수 있습니다. 이 값을 이용해서 여러 가지 시각화를 하게 될 터이니 기억해두면 좋을 것입니다.

Step 3. 레벨 미터의 연결

이제 드디어 레벨 미터를 연결할 때가 되었습니다.

새로운 객체를 하나 생성해서 vu라고 입력한 후 화면의 빈 공간을 클릭합니다. (이제부터는 '[vu]라는 객체를 생성합니다.'와 같이 줄여서 표현해도 되겠죠?)

또는 넣기 → 음량계를 해도 레벨 미터가 만들어집니다.

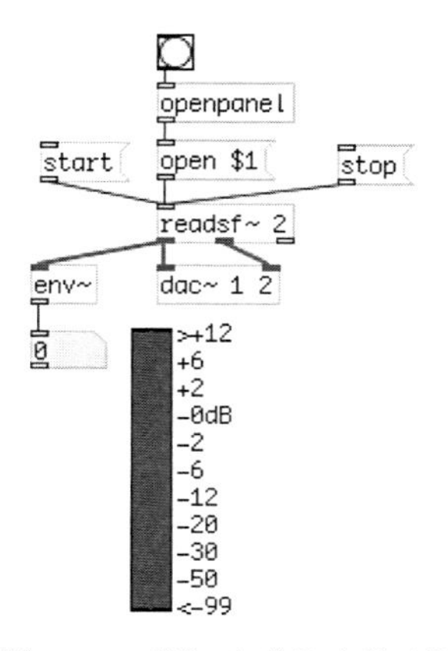

그림 2-19 레벨 미터(음량계) 생성

그런데 레벨 미터(음량계)의 수치는 제일 작은 값이 −99, 그리고 안정된 최대치가 0dB로 표시가 되는군요. 그렇다면 [env~] 객체를 통해서 만들어지는 0~100까지의 값을 −99~0까지의 값으로 바꿔줄 필요가 있겠네요. 이를 위해서는 [env~]을 통해서 만들어진 값에서 100을 빼면 될 것입니다.

100을 빼서 −100~0의 값을 만들기 위해 [−100]이라는 객체를 생성한 후 그림 2-20과 같이 연결하겠습니다.

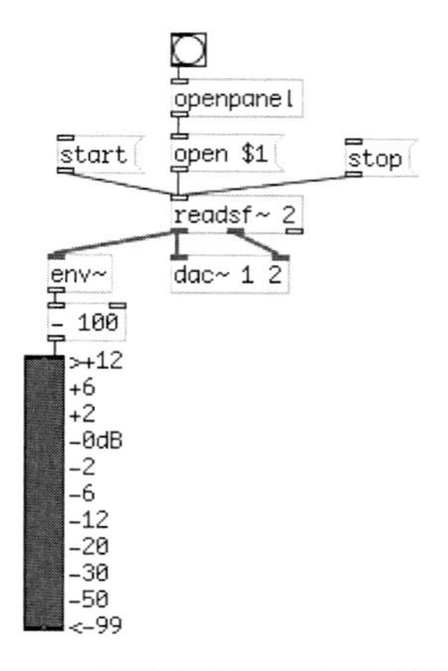

그림 2-20 레벨 미터의 최종 연결

이제 DSP를 켜고 파일을 선택하고 [start (메시지 상자를 클릭해서 사운드를 재생하면 레벨 미터가 움직이는 것을 확인할 수 있습니다.

과제

지금까지 우리는 왼쪽 채널에 대한 레벨 미터를 구현했는데요. 오른쪽 채널에 대한 레벨 미터도 구현을 해보세요.

2.2 스코프(Scope, Waveform)

:: 소개

스코프(Scope)는 '관찰용 기구'라는 사전적 의미를 가지고 있습니다.
스코프 역시 레벨 미터와 마찬가지로 오디오 신호의 크기(음량)를 시각적으로 보여주는 도구입니다. 다만 레벨 미터와의 차이가 있다면 레벨 미터는 순간순간의 대략적인 음량을 확인할 수 있는 반면 스코프는 그 순간에 소리의 파형을 볼 수 있다는 것입니다. 그래서 스코프를 통해서 소리의 파형(Waveform)을 본다고 이야기하기도 합니다.

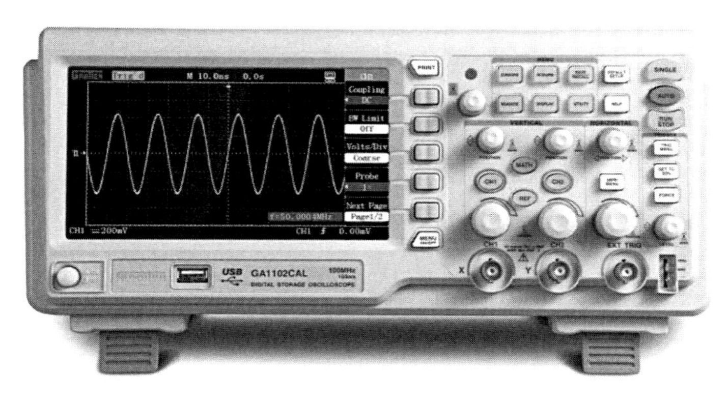

그림 2-21 오실로스코프에서 보이는 사인파

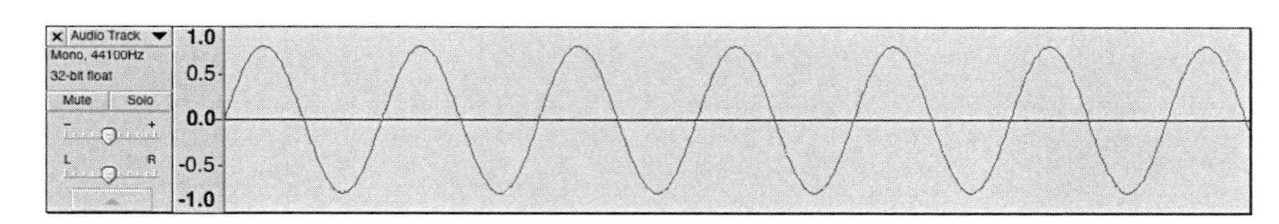

그림 2-22 소프트웨어(Audacity)의 스코프에서 보이는 사인파

스코프를 통해서 파형을 확인하는 것은 사운드를 다루는 작업자나 또는 엔지니어들에게 아주 일반적이고 효과적인 작업방법입니다.

:: Pure data에서 스코프(Scope) 구현

그럼 이제부터 Pd(퓨어 데이터, Pure data)를 이용하여 스코프를 구현하는 방법에 대하여 알아보도록 하겠습니다.

Step 1. 오디오 파일을 불러오기 위한 패치의 구성

Pd를 실행시키고 새로운 파일을 하나 생성합니다. 그리고 앞선 실험에서 이미 다루었던 오디오 파일을 불러오기 위한 패치를 다음과 같이 만듭니다. 이제 여기까지의 과정은 익숙해졌으리라 예상이 되네요.

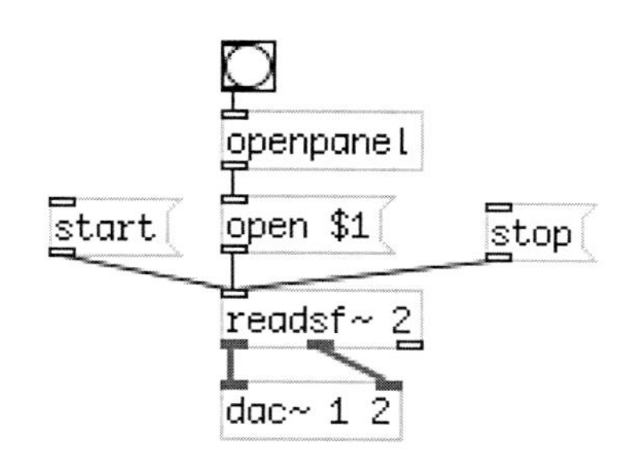

그림 2-23 오디오 파일을 불러오기 위한 패치의 구성

Step 2. 오디오 파형을 보여주기 위한 배열(Array) 만들기

오디오 파형을 본다는 것은 일정한 시간 동안의 파형의 변화를 보는 것입니다.
Pd에서 오디오 파형을 보기 위해서는 일정한 시간 동안의 음량에 대한 값을 배열이라는 형태로 만들어서 보게 됩니다.
이를 위해서 배열을 하나 만들어보기로 하겠습니다.
방법은 간단합니다. 넣기 → 배열을 하면 다음과 같은 창이 나타나게 됩니다.

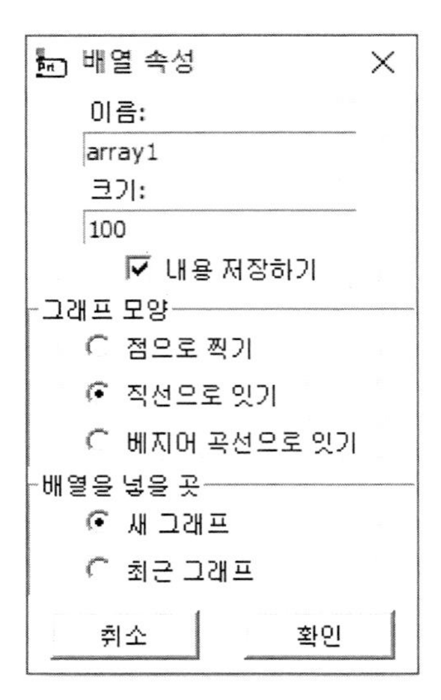

그림 2-24 배열 속성창

여기서 이름을 설정합니다. 여기서는 audioLeft라고 지정하도록 하겠습니다. 이름을 지정하고 확인을 클릭하면 그림 2-25와 같이 테이블이 하나 만들어집니다. 이제 파형을 보기 위한 스코프의 준비를 마쳤습니다.

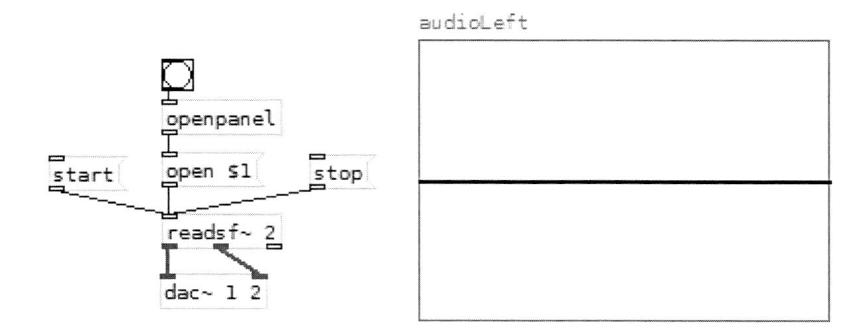

그림 2-25 배열생성

Step 3. 오디오 신호로부터 배열 만들기

이제 위에서 만들어진 배열에 오디오 신호의 데이터를 표시하면 됩니다.

이를 위해서 [tabwrite~]라는 객체를 사용하도록 하겠습니다.

물결 표시(~)가 붙어 있는 것에서 눈치챌 수 있듯이 [tabwrite~]는 오디오 신호와 관련된 객체고요. tabwrite는 테이블(table)에 데이터를 쓰기(write) 위한 객체입니다.

그럼 [tabwrite~] 객체를 만들고 그림 2-26과 같이 패치를 만들어보도록 하겠습니다.

패치를 만들었다면 DSP를 켜고 오디오 파일을 불러와서 [start (를 클릭해봅니다.

소리는 나는데 audioLeft 테이블에 아무런 변화가 없다고요? 그럼 [tabwrite~]에 연결해놓은 뱅을 클릭해봅시다. 그 순간의 파형이 audioLeft 테이블에 표시가 되는 것을 확인할 수 있습니다.

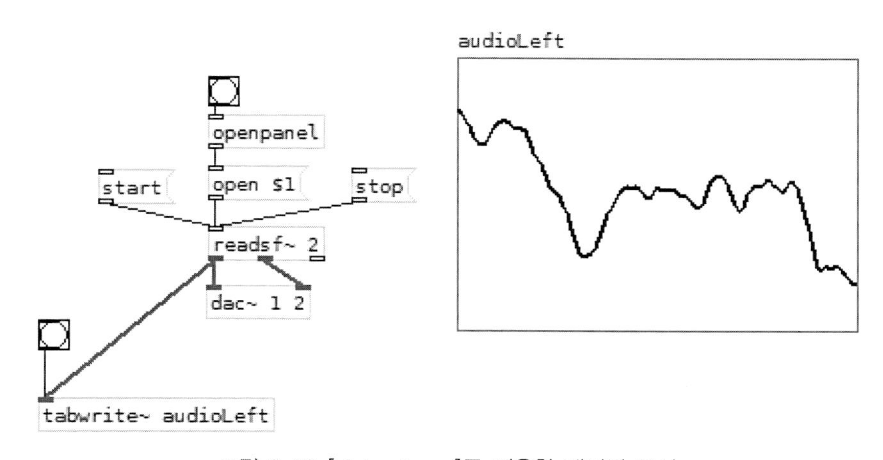

그림 2-26 [tabwrite~]를 이용한 배열의 표시

Step 4. [Metro] 객체를 이용하여 연속적인 파형의 변화 확인하기.

[tabwrite~] 객체는 뱅(Bang) 신호가 들어온 순간의 데이터들을 배열에 쓰게 됩니다.

그렇다면 뱅을 누르지 않고 지속적으로 파형의 변화를 연속적으로 볼 수 있는 방법은 없을까요?
만약 일정한 시간마다 뱅이 만들어진다면 연속적인 파형의 변화를 확인할 수 있지 않을까요?
Pd에서는 일정한 시간마다 뱅을 만들어주는 객체가 있는데 바로 [metro]입니다.
[metro] 객체를 만들고 토글 객체, 그리고 숫자상자를 하나 만들도록 합니다.
뱅(Bang)이 누르는 순간 이벤트가 발생하는 트리거(Trigger) 타입이라면 토글(Toggle)은 한 번 누르면 켜지고 다시 한번 누르면 꺼지는 타입입니다. (X 표시가 on 상태를 의미합니다.)
뱅이 총의 방아쇠처럼 당기는 순간 총알이 발사되는 것이라면 토글은 여러분의 방의 불을 켜고 끄는 스위치라고 이해하면 좋을 듯합니다.
토글은 넣기 → 토글로 만들거나 또는 객체를 하나 만든 후 tgl이라고 입력하여 만들 수도 있습니다.
숫자상자는 넣기 → 숫자로 만들면 됩니다.
모두 만들어졌다면 그림 2-27과 같이 연결합니다.

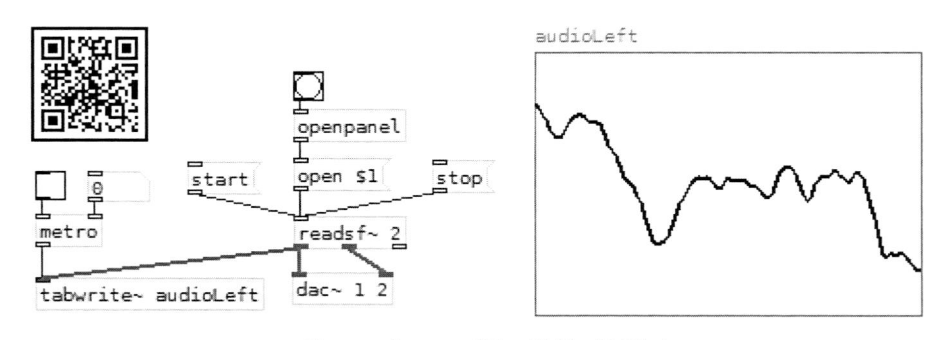

그림 2-27 [metro]를 이용한 패치연결

연결을 마쳤다면 오디오 파일을 불러서 재생하고 [metro]와 연결된 토글을 켜봅시다. 테이블의 변화가 없다면 숫자상자의 숫자를 움직여볼까요? [metro]와 연결된 숫자는 얼마나 자주 뱅을 생성해낼 것인가를 결정하는데요. 밀리초(1/1000초) 단위로 설정이 됩니다. 따라서 숫자상자의 값이 100이라고 한다면 0.1초에 한 번씩 오디오 파형을 업데이트하게 될 것입니다. 이때 숫자상자는 숫자를 직접 입력하는 방식이 아니라 실행 모드에서 숫자상자를 클릭한 상태에서 마우스를 위아래로 움직여 값을 변경할 수 있답니다. 만약 메시지 상자로 숫자를 입력해서 연결하였다면 실행 모드로 바꾼 상태에서 메시지 상자를 클릭해주면 메시지 상자에 입력한 숫자값이 적용될 수 있고요. 또 다른 방법으로는 별도의 객체연결 없이 [metro 100]처럼 아규먼트(Argument) 초깃값을 설정하는 방법도 있답니다.

이렇게 해서 Pd의 배열을 이용하여 오디오 신호의 파형을 보는 방법에 대해서 알아봤습니다.

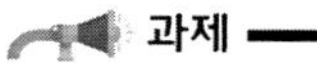
과제

이 값을 조정해가면서 오디오 파형을 보기에 적절한 값을 찾아보도록 해봅시다. 그리고 위의 과정을 한 번 더 반복하여 오른쪽 채널에 대해서도 스코프를 구현해봅시다.

Chapter 03

음고(음높이)에 대한 정보 추출하기

Chapter
03 음고(음높이)에 대한 정보 추출하기

지난 장에서 우리는 음량에 대한 정보를 추출하고 추출한 정보를 레벨 미터(Level Meter)와 스코프(Scope)를 이용하여 시각화하는 방법에 대해서 알아보았습니다. 이번 장에서는 음량에 이어 음고에 대한 정보를 추출하고 지난 장과 마찬가지로 레벨 미터와 스코프를 통하여 시각화해보도록 하겠습니다.
(음향에서는 음높이를 음정이라는 용어로 사용을 하는데 음악에서는 음정이 음과 음 사이의 거리를 의미하기에 음악과 음향을 함께 공부하는 사람에게 혼동을 줄 수 있다고 생각이 들어 여기서는 음정 대신 음고라는 용어를 사용하였습니다.)

3.1 레벨 미터를 이용하여 음고에 대한 정보 나타내기

이번 장에서는 여러분의 목소리를 입력으로 받아서 그 높낮이에 대한 정보를 뽑아내고 그 정보를 표시하는 방법에 대해서 알아보도록 하겠습니다.
이번에는 비교적 쉬운 패치이니 다음과 같이 패치를 구성해보도록 하죠.

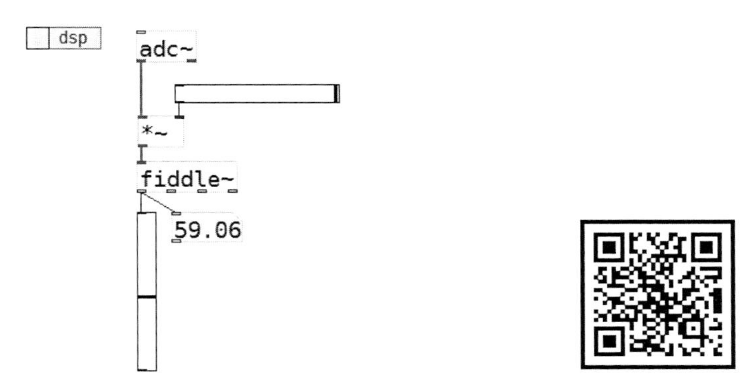

그림 3-1 레벨 미터를 이용하여 음고에 대한 정보를 나타내는 패치

음의 높낮이에 대한 정보를 가져오기 위해서는 단순한 소리를 사용하는 것이 좋습니다. 그래서 여기서는 컴퓨터와 연결된 마이크를 통하여 소리를 입력받는 방법을 사용했습니다.
위의 패치 작성을 마쳤다면 실행 모드로 전환하고 DSP를 켠 후, 컴퓨터에 연결된 마이크에 대고 노래를 불러봅시다. 여러분이 부르는 음높이에 따라 슬라이더의 눈금이 위아래로 움직이는 것을 확인할 수 있을 것입니다.

참고로 여기서는 패치 내에 DSP라고 하는 스위치를 삽입하여 오디오 신호 처리를 굳이 클릭하지 않아도 패치 내에서 오디오 신호 처리를 켜고 끌 수 있게 했는데요. 저 스위치를 만들려면 객체를 하나 생성하고 pddp/dsp라고 입력한 후, 패치의 빈 곳을 클릭하면 그림 3-1과 같이 DSP 스위치가 만들어집니다.

그럼 이제부터 그림 3-1에서 사용된 객체들을 하나씩 설명하도록 하겠습니다.

- [adc~] : 컴퓨터와 연결된 마이크로부터 소리를 입력받는 객체입니다.
- [*~] : 입력된 신호에 일정한 값을 곱하는 객체입니다. 곱하기의 기능을 담당하는 객체인데 다만 물결 표시(~)에서 알 수 있듯이 이 객체는 오디오 신호에 일정한

값을 곱하게 됩니다. 오디오 신호에 1보다 큰 값을 곱하면 소리가 커지게 됩니다. 참고로, [*~]에 연결된 가로 슬라이더는 [hslider] 객체를 입력하여 만들거나 메뉴에서 넣기 → 가로 슬라이더를 이용하면 된답니다. (실행 모드에서 가로 슬라이더 값을 올려야만 음높이에 따른 세로 슬라이더의 눈금 변화를 확인할 수 있습니다.)

- [fiddle~] : 이 객체가 오디오 신호로부터 음의 높낮이에 대한 정보를 뽑아내는 객체입니다. 이 값은 0~127의 값을 내보내는데 이 값은 미디 노트 번호(MIDI Note Number)에 대응하는 값입니다. 미디 노트 번호는 가온다가 60이며 그로부터 반음 차이가 날 때마다 1씩의 차이가 생기게 됩니다. 예를 들어 가온다로부터 장2도 높은 레는 62의 값이 됩니다.
- [vslider] : 세로 슬라이더를 만드는 객체로, [fiddle~] 객체로부터 만들어진 값을 슬라이더에 표시하기 위해 사용하였습니다. 또한 숫자상자를 하나 만들어서 그 값을 숫자로 확인할 수 있도록 하였습니다.

만약 노래를 부르는 것이 여의치 않다면 지난 장에서 했던 것처럼 음악 파일을 불러와서 [fiddle~] 객체와 연결함으로써 듣고 있는 음악의 주된 음높이에 대한 정보를 슬라이더에 표시할 수도 있습니다.

3.2 스코프를 이용하여 음고에 대한 정보 나타내기

이번에는 시간의 흐름에 따른 음의 높낮이 변화를 스코프에 나타내는 패치를 만들어 보도록 하겠습니다.

기본적으로는 그림 3-1의 패치를 약간 수정하여 구성하게 됩니다.

완성된 패치는 다음과 같습니다.

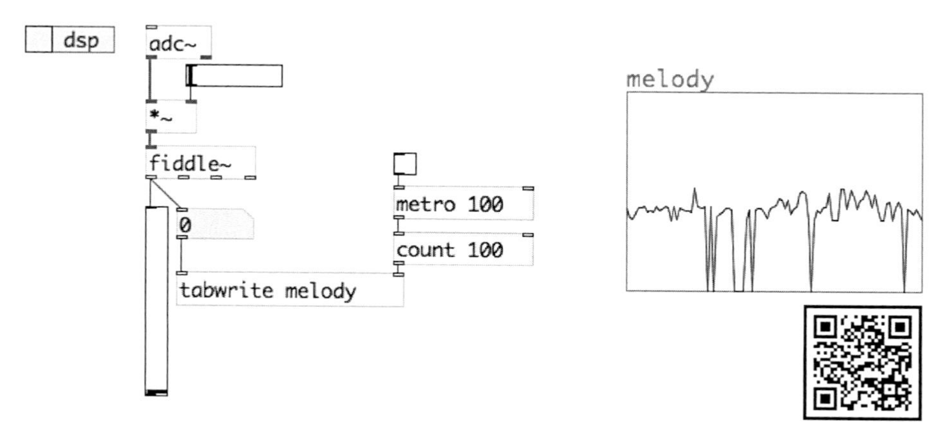

그림 3-2 스코프를 이용하여 음고에 대한 정보를 나타내는 패치

그림 3-2를 보면 패치의 왼편은 그림 3-1과 동일하며 [fiddle~] 객체에서 만들어진 음높이에 대한 정보가 [tabwrite melody]라는 객체로 전달된 것을 알 수 있습니다. 앞서 2장에서도 스코프에 정보를 표시하기 위하여 [tabwrite~]라는 객체를 사용하기는 했었습니다만 이번에는 [tabwrite~]가 아니라 [tabwrite] 객체네요. 차이가 있다면 [tabwrite~]는 물결 표시(~)가 있는 것으로 보아 오디오 데이터를 테이블에 표시하는 것이고요. (tabwrite는 table write, 즉 테이블에 정보를 표시한다는 것을 의미합니다.) 반면 [tabwrite]는 오디오 데이터가 아닌 일반적인 데이터를 테이블에 표시하는 객체입니다. 자세히 보면 [fiddle~]을 통해 만들어진 값은 오디오 데이터가 아니라는 것을 출력단(Outlet)의 색깔을 통해서 확인할 수 있습니다.

[tabwrite] 객체의 사용법은 [tabwrite~]와는 살짝 차이가 있는데요.
[tabwrite~]가 왼쪽 Inlet을 통해서 들어온 오디오 데이터들을 왼쪽 Inlet에 뱅이 들어올 때마다 업데이트하는 방식인 반면 [tabwrite]는 그래프를 그리는 것과 같은 방식입니다. 오른쪽 Inlet이 X축의 값을 정하고 왼쪽 Inlet이 Y축의 값을 표시하는 방식이죠.

[metro 100] 객체를 이용하여 100ms(0.1초)에 한 번씩 뱅을 만들어내게 합니다.

[count 100] 객체는 뱅이 입력될 때마다 값이 1씩 커지는데 그 값이 100이 되는 순간 다시 0으로 돌아오게 됩니다. 다시 말해서 0부터 99까지 값이 연속적으로 변화하게 되는 것이죠.
그리고 각 순간마다 왼쪽 Inlet을 통해서 들어오는 값이 Y축에 할당이 됩니다.
이렇게 만들어진 테이블은 melody라는 그래프에 표시됩니다.
여기서 Y축의 범위가 0~127이므로 그래프의 속성을 그림 3-3과 같이 설정하여야 합니다.

이때 캔버스 속성값을 변경하는 방법은 맥에서는 변경할 대상 위에 마우스 포인터를 가져다 놓고 터치패드를 두 손가락으로 세 번 연속 클릭하거나 윈도우에서처럼 마우스 우클릭을 사용하면 속성창을 열 수 있답니다.

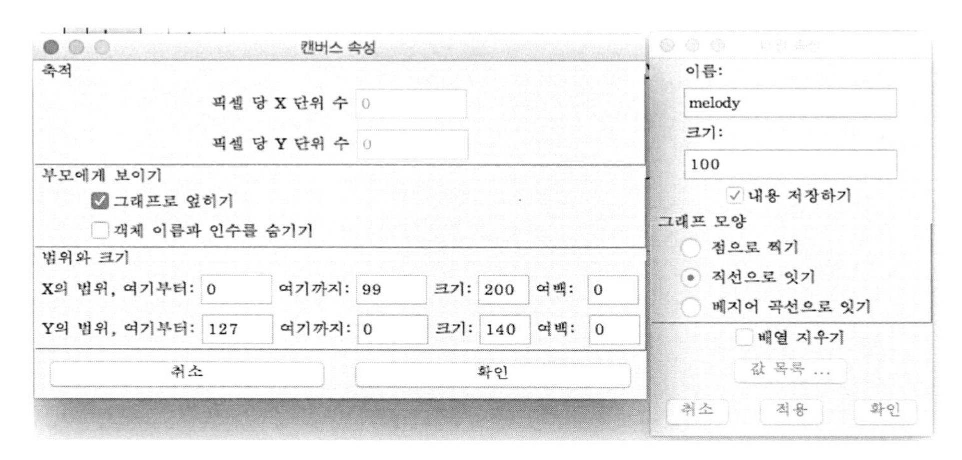

그림 3-3 그래프 속성 설정

패치가 완성이 되었다면 DSP를 켜고 [metro 100] 객체에 연결된 토글 스위치를 켠 후 마이크에 대고 노래를 불러보세요. 여러분이 부르는 멜로디의 음 높낮이가 melody라는 그래프에 표시가 될 것입니다.

Chapter 04

음색에 대한 정보 추출하기

Chapter 04 음색에 대한 정보 추출하기

지금까지 우리는 음량과 음높이(음고)에 대한 정보를 추출하고 추출한 정보를 레벨 미터(Level Meter)와 스코프(Scope)를 통하여 시각화하는 방법에 대해서 알아보았습니다. 이번 장에서는 음색(소리의 밝기)에 대한 정보를 추출하고 레벨 미터와 스코프를 통하여 시각화해보도록 하겠습니다.

그런데 음색, 소리의 밝기는 어떤 것일까요?
우리나라의 대표적인 피아노 회사인 영창 피아노와 삼익 피아노는 한때 다음과 같은 광고를 한 적이 있었습니다.

"맑은 소리 고운 소리 영창 피아노"
"현이 길어 깊은 소리 삼익 피아노"

피아노 소리는 모두 같은 피아노 소리가 아닌가요? 그렇다면 왜 한 회사는 맑고 고운 소리를 내는 피아노임을, 한 회사는 깊은 소리를 내는 피아노임을 강조했을까요? 왜 우리는 같은 음량과 같은 음높이를 갖는 두 개의 피아노 소리를 하나는 맑고 고운 소리로 하나는 깊은 소리로 인식하는 것일까요?
그것은 두 악기가 가지고 있는 소리의 성분이 각기 다르기 때문입니다. 같은 크기와 같은 높이의 소리를 내더라도 각 소리가 포함하고 있는 소리의 성분에 차이가 있죠. 만약 상대적으로 높은 주파수 성분을 많이 가지고 있다면 밝은 소리 맑은 소리로 들릴 것이고 낮은 주파수 성분을 상대적으로 많이 가지고 있다면 어두운 소리나 깊은 소리로 인식을 하게 되는 것입니다.

이렇듯 이번 장에서는 소리가 가지고 있는 주파수 성분에 대한 정보를 뽑아내서 그것을 시각화하는 방법에 대해서 다루도록 하겠습니다.

4.1 레벨 미터를 이용하여 음색에 대한 정보 나타내기

우리 주변에서 소리의 밝고 어두움에 대한 정보를 보여주는 대표적인 사례로 스펙트럼 아날라이저(Spectrum Analyzer)를 찾아볼 수 있는데요.
스펙트럼 아날라이저는 어떤 소리가 가지고 있는 주파수 성분을 눈으로 보여주는 기기입니다.
스펙트럼 아날라이저라는 이름이 생소하다고요? 그럼 그림 4-1을 한번 보도록 하죠.

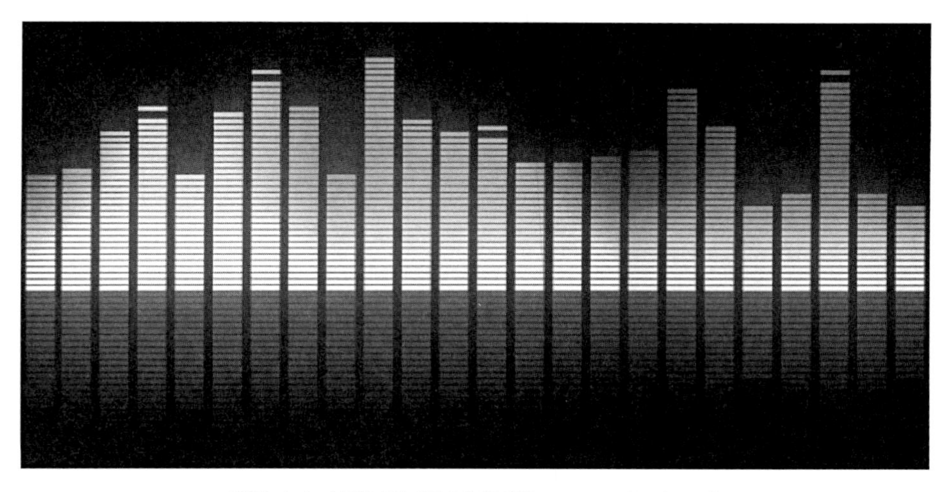

그림 4-1 스펙트럼 아날라이저(Spectrum Analyzer)

그림 4-1을 보는 순간, 많은 분들이 '아! 이퀄라이저네!'라고 이야기를 하셨을 거라 예상이 됩니다. 그렇습니다. 흔히 이퀄라이저(Equalizer)라고 부르고 있는 그것이 바로 주파수 성분을 보여주는 스펙트럼 아날라이저(Spectrum Analyzer)입니다. 이퀄라이저(Equalizer)는 소리의 음색(밝기)을 조절하는 데 사용하는 기기인데 주위의 많은 사람들이 이퀄라이저와 스펙트럼 아날라이저를 혼용해서 사용하고 있습니다.

스펙트럼 아날라이저를 보는 방법은 아주 간단합니다. 이미 많은 분이 알고 있거나 눈치를 채고 계시겠지만 왼쪽의 막대는 낮은 소리의 성분들을 그리고 오른쪽으로 갈수록 높은 소리의 성분들을 막대의 높이로 보여주게 됩니다. 만약 왼쪽의 막대들의 높이가 높고 상대적으로 오른쪽 막대들의 높이가 낮다면 소리가 어둡다고 느끼게 되고, 오른쪽 막대들의 높이가 왼쪽 막대들의 높이보다 상대적으로 높다면 소리가 밝다고 느끼게 되는 것입니다.

:: Pure data에서의 구현

그럼 Pd(Pure Data, 퓨어 데이터)에서는 스펙트럼 아날라이저를 어떻게 구현할 수 있을까요?

스펙트럼 아날라이저는 밴드라는 것이 있는데요. 우리가 들을 수 있는 주파수 대역을 몇 개의 대역으로 나눠서 보여줄 것인가 하는 것입니다. 그림 4-1의 경우는 모두 24개의 대역으로 나눠서 보여주는 24밴드의 스펙트럼 아날라이저입니다. 우리는 간단하게 3밴드의 스펙트럼 아날라이저를 구현해보도록 하겠습니다.

기본적으로는 3장에서 구현해놓은 패치를 살짝 수정해서 사용할 것이고 구현된 패치는 그림 4-2와 같습니다.

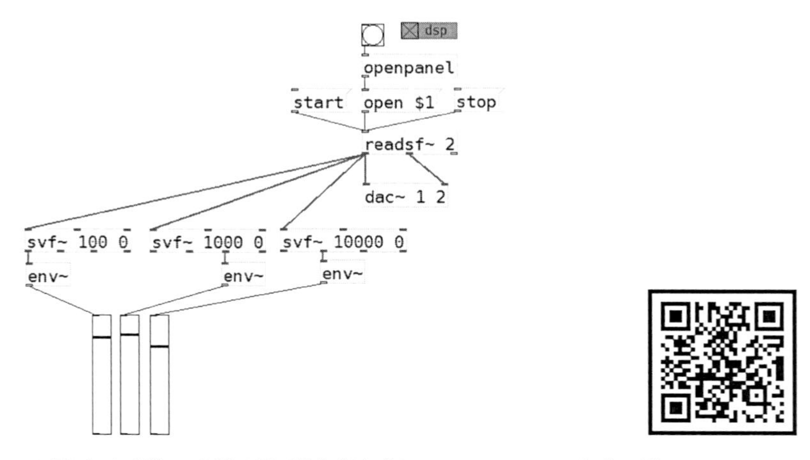

그림 4-2 3밴드 스펙트럼 아날라이저(Spectrum Analyzer)의 구현

웨이브 파일을 불러와서 재생하는 부분은 이제 충분히 익숙해졌을 거고요.
얼핏 보면 3장에서 사용했던 음량의 시각화와 유사한 듯한데 다만 지금까지 등장하지 않았던 [svf~]라는 객체가 더 사용이 되었습니다.

[readsf~]에서 재생된 오디오 데이터를 필터(Filter)라는 것을 통과시켜서 저음, 중음, 그리고 고음만을 통과시킨 후 [env~] 객체를 거치면 저음 성분의 크기, 중음 성분의 크기, 그리고 고음 성분의 크기를 표시할 수 있게 되는데요.
새로 등장한 객체 [svf~]가 바로 필터입니다. SVF는 스테이트 베리어블 필터(State Variable Filter)의 약자로 하나의 필터에서 여러 가지 역할을 하는 필터를 선택할 수 있으며 필터의 특성도 나쁘지 않아서 많이 사용되는 필터입니다.

그럼 먼저 필터에 대해서 간략하게 설명을 하고 난 후 [svf~] 객체에 대해서 알아보도록 하겠습니다.

:: 필터(Filter)

필터는 앞서 설명한 것처럼 입력된 신호의 특정한 성분을 걸러내는 역할을 하며 크게 패스 필터(Pass Filter)와 셸빙 필터(Shelving Filter)로 나눌 수 있습니다. 패스 필터(Pass Filter)는 원하는 대역만을 통과시키는 필터이며 셸빙 필터(Shelving Filter)는 원하는 대역을 강조하거나 깎아내는 필터입니다.
가령 예를 들어 로우 패스 필터(Low Pass Filter)의 경우는 저음 성분만을 통과시키게 되며 이렇게 필터를 거친 소리는 어둡고 둔탁해지게 됩니다. 반면 로우 셸빙 필터(Low Shelving Filter)는 저음 성분을 강조하거나 깎을 수 있습니다. 저음 성분을 강조한다면 소리가 어두워지고 둔탁해지겠지만 저음 성분을 깎아낸다면 소리는 저음 성분이 줄어들면서 상대적으로 밝아지는 느낌을 받게 됩니다. (힘이 없는 소리라고 하는 것이 더 정확한 느낌일 거 같습니다.)

패스 필터의 경우는 통과시키는 대역에 따라 다음과 같이 분류할 수 있습니다.
(오디오 시각화에서는 원하는 소리 성분만을 통과시켜서 시각화에 사용을 할 것이므로 패스 필터에 대해서만 다루도록 할 것입니다.)

:: 로우 패스 필터(Low Pass Filter, 줄여서 LPF라고도 합니다.)

저음 대역만을 통과시키는 역할을 합니다.

:: 하이 패스 필터(High Pass Filter, 줄여서 HPF라고도 합니다.)

고음 대역만을 통과시키는 역할을 합니다.

:: 밴드 패스 필터(Band Pass Filter, 줄여서 BPF라고도 합니다.)

특정한 대역만을 통과시키는 역할을 합니다.

:: 밴드 리젝트 필터(Band Reject Filter)

특정 대역만을 제외시키고 통과시키는 역할을 하며 노치 필터(Notch Filter), 밴드 스톱 필터(Band Stop Filter) 등으로도 불립니다.

패스 필터의 사용방법은 앞서 설명한 필터의 종류를 선택하고 어느 지점을 중심으로 통과를 시킬 것인가를 결정을 하면 됩니다. 이 지점을 우리는 차단 주파수(컷 오프 주파수, Cutoff Frequency)라고 부르며 Fc라고 표기합니다.
예를 들어 베이스드럼과 베이스기타 정도의 사운드만을 통과시키고 싶다고 한다면 저음 성분만을 통과시켜야 할 것이므로 로우 패스 필터(Low Pass Filter)를 사용하면 되고 차단 주파수(Fc)는 100Hz 정도를 설정하면 될 것입니다. (차단 주파수는 음악에 따라서 베이스 드럼이나 베이스 기타의 톤에 따라서 달라지게 됩니다.)

밴드 패스 필터의 경우는 차단 주파수(Cutoff Frequency)가 아니라 중심 주파수(Center Frequency)라는 용어를 사용하며 표시는 Fc라고 합니다.
예를 들어 보컬의 목소리 정도 사운드만을 통과시키고 싶다고 한다면 중음 성분만을 통과시켜야 할 것이므로 밴드 패스 필터(Band Pass Filter)를 사용하고 중심 주파수(Fc)는 1,000Hz 정도를 설정하면 될 것입니다. (중심 주파수는 음악에 따라서, 보컬의 성별이나 목소리 특성에 따라서 달라지게 됩니다.)
그렇다면 만약 심벌이나 높은 음역을 담당하는 현악기의 사운드만을 통과시키고 싶다면 어떻게 하면 될까요?
그렇습니다. 하이 패스 필터(High Pass Filter)를 사용하면 될 것입니다. 차단 주파수는 음악에 따라서 달라지게 되겠지요.

그럼 이제부터 [svf~] 객체에 대해서 알아보도록 하겠습니다.
[svf~] 객체는 3개의 입력단자(Inlet)와 4개의 출력단자(Outlet)를 가지고 있습니다.

:: 입력단자(Inlet)

위의 패치에서 볼 수 있듯이 제일 왼쪽의 입력은 오디오 신호의 입력으로 사용이 됩니다.
그리고 두 번째 입력은 Fc(차단 주파수-Cutoff Frequency, 중심 주파수-Center Frequency)를 설정하는 데 사용이 됩니다.
마지막 세 번째 입력은 레조넌스(Resonance)라고 하는 파라미터로 Fc 지점을 강조하는데 사용이 됩니다. (이것은 주로 소리를 디자인할 때 사용이 되며 우리는 소리를 시각화하는 내용만 다루므로 이 파라미터는 사용하지 않을 것입니다.)

:: 출력단자(Outlet)

출력단자는 왼쪽부터 로우 패스 필터(Low Pass Filter, LPF), 하이 패스 필터(High

Pass Filter, HPF), 밴드 패스 필터(Band Pass Filter, BPF), 밴드 리젝트 필터(Band Reject Filter, Notch Filter)의 출력을 내보내게 됩니다.

그림 4-2를 살펴보면 왼쪽부터 각각 로우 패스 필터, 밴드 패스 필터, 하이 패스 필터가 사용된 것을 알 수 있습니다.
또한 [svf~ 100 0]처럼 100과 0이라는 아규먼트를 사용한 것은 Fc는 100Hz, 레조넌스는 0(레조넌스 값을 사용하지 않았음)을 의미합니다. 입력단자를 통해서 조정할 수도 있지만 이처럼 Argument로 직접 그 값을 설정할 수도 있습니다.
그림 왼쪽부터 사용된 3개의 [svf~]를 살펴보면 다음과 같습니다.

- [svf~ 100 0] : 로우 패스 필터로 사용을 했고 Fc는 100Hz, 레조넌스는 사용되지 않았습니다. 여기를 통과한 소리는 베이스드럼과 베이스기타 정도의 소리가 됩니다.
- [svf~ 1000 0] : 밴드 패스 필터로 사용을 했고 Fc는 1,000Hz, 레조넌스는 사용되지 않았습니다. 여기를 통과한 소리는 주로 보컬 사운드가 됩니다.
- [svf~ 10000 0] : 하이 패스 필터로 사용을 했고 Fc는 10,000Hz, 레조넌스는 사용되지 않았습니다. 여기를 통과한 소리는 주로 심벌과 높은 음역을 담당하는 사운드가 됩니다.

이렇게 각 필터를 통과한 사운드에 [env~]을 통과시킨 후, 슬라이더에 연결을 하면 각각의 슬라이더는 저음, 중음, 고음의 크기를 보여주게 됩니다. [env~]이 0부터 100까지의 값을 만들어내기에 [vslider]의 속성에서 최댓값을 100으로 수정하였습니다.

중간의 밴드 패스 필터의 개수를 늘려서 더 자세한 스펙트럼 아날라이저를 만들 수도 있으니 한번 시도해보는 것도 좋을 것입니다.

과제

7개의 밴드를 갖는 스펙트럼 아날라이저를 구현해보세요.
(컷오프값은 여러분이 적절하게 설정해보기 바랍니다.)

4.2 스코프를 이용하여 음색에 대한 정보 나타내기

1장에서 소리의 3가지 요소에 대한 이야기를 하면서 2,000Hz의 정현파와 톱니파에 대한 주파수 성분을 분석한 그림을 살펴봤습니다. 이것을 FFT(Fast Fourier Transform, 고속 퓨리에 변환)라고 한다는 이야기도 했었습니다.

이번 시간에는 퓨어 데이터를 이용하여 FFT를 구현하고 음악을 재생했을 때, 소리 성분의 변화가 어떻게 생기는지 스코프를 통하여 확인해보도록 하겠습니다.

퓨어 데이터에는 FFT 변환을 위한 [fft~]라는 객체를 가지고 있습니다. 마치 음고에 대한 값을 읽어오기 위해서 [fiddle~]이라는 객체가 있었던 것처럼요. 다만 [fft~]라는 객체는 사용방법이 약간 까다롭기는 합니다. 이는 FFT 변환이라는 것이 지금 우리가 사용하는 방법 이외에도 다양하게 사용될 수 있어서 약간의 조작이 필요하다 정도로 받아들이면 될 것 같습니다.

기본적인 [fft~] 객체의 사용방법은 아래의 그림과 같습니다.

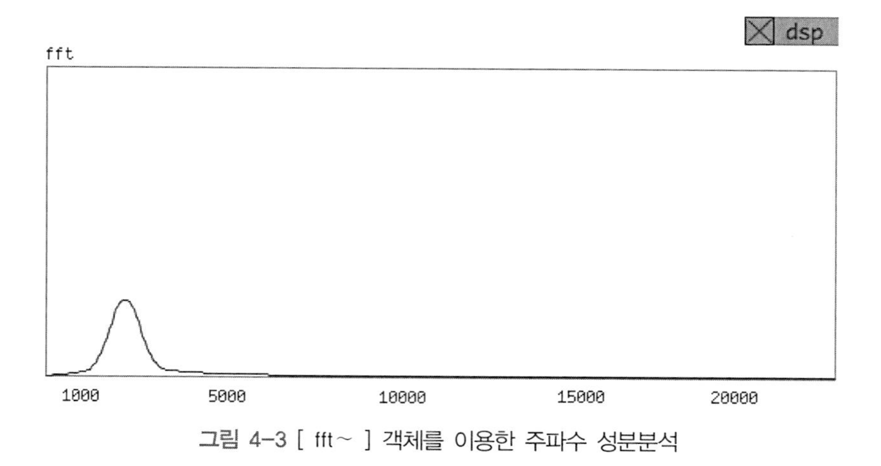

그림 4-3 [fft~] 객체를 이용한 주파수 성분분석

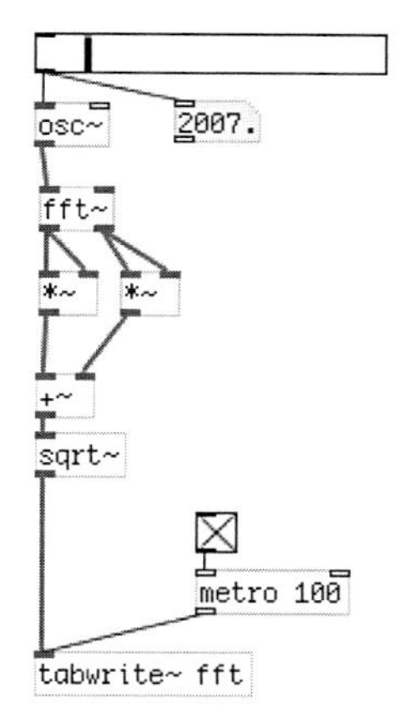

그림 4-3 [fft~] 객체를 이용한 주파수 성분분석(계속)

[fft~] 객체는 오디오 신호를 입력으로 받고 입력받은 오디오 신호의 주파수 성분을 분석해서 실수부(왼쪽 출력)와 허수부(오른쪽 출력)의 출력을 내보내게 됩니다. (여기서 실수부, 허수부는 디지털 신호 처리를 공부해야 이해할 수 있는 내용이라서 여기서는 다루지 않겠습니다. 혹시 관심이 있으시다면 『수학으로 배우는 파동의 법칙』이라는 책을 추천합니다.)

[fft~] 객체의 양쪽 출력을 각각 제곱한 후 더해서 제곱근을 구한 후 [tabwrite~] 객체를 통해서 그래프로 출력을 하게 됩니다.

이때 사용된 객체 중 [sqrt]는 숫자의 제곱근을 취하는 객체입니다. 참고로 0보다 작은 수는 적용되지 않는답니다.

그래프가 그려지는 테이블의 속성은 다음과 같이 설정합니다.

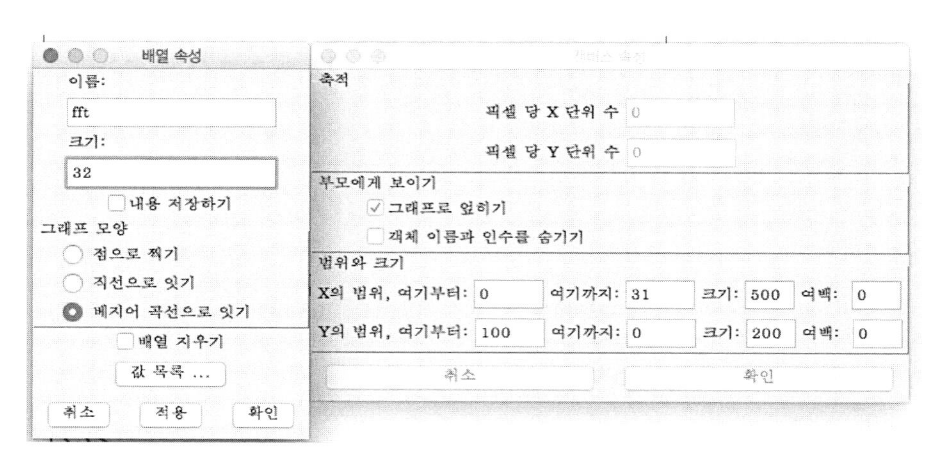

그림 4-4 그래프(배열)의 속성 설정

 **과제**

[osc~] 객체를 [phasor~] 객체로 바꿔서 톱니파의 주파수 성분을 확인해보거나 [readsf~] 객체를 이용하여 듣고 있는 음악의 주파수 성분을 확인해보도록 합시다.

만약 주파수 성분이 너무 낮게 분포되어서 잘 확인이 되지 않는다면 다음과 같이 전체 주파수 성분을 조금 키워서 볼 수도 있을 것입니다.

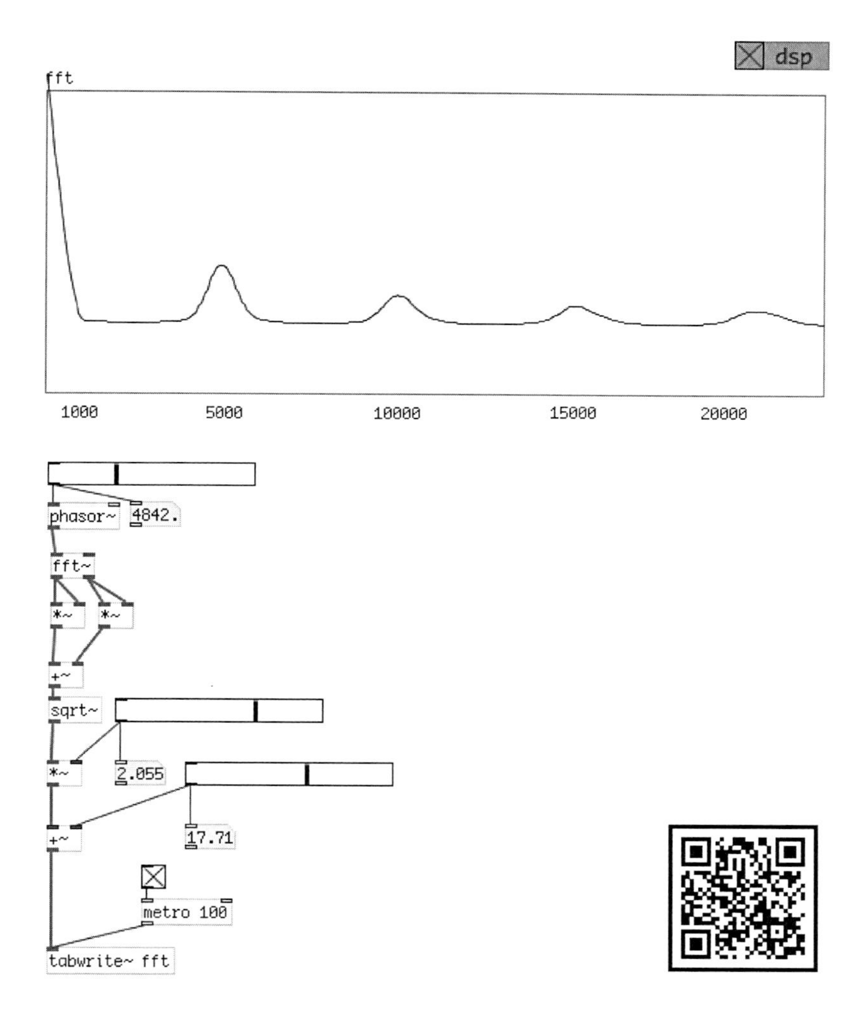

그림 4-5 FFT 그래프의 조정

Chapter 05

GEM을 이용한 도형 제어하기 1

Chapter 05 GEM을 이용한 도형 제어하기 1

우리는 4장까지 퓨어 데이터(Pd, Pure data)의 기본적인 기능들을 이용하여 소리의 3요소를 시각화하는 일반적인 방법들에 대하여 알아보았습니다.

이제부터는 현재 우리가 사용하고 있는 Pd-Extended에 포함된 GEM이라는 그래픽 라이브러리를 이용하여 소리를 시각화하는 방법에 대해서 알아보도록 하겠습니다. GEM은 Graphics Environment for Multimedia의 약자로 Mark Danks가 실시간 컴퓨터 그래픽을 구현하기 위해서 만든 라이브러리입니다. 따라서 우리가 하는 소리의 시각화 작업에서는 아주 유용한 라이브러리가 될 것입니다.

앞서 우리가 소리를 구성하는 요소들로 음량(소리의 크기), 음고(소리의 높낮이), 음색(소리의 밝기)을 뽑았던 것과 같이 시각작업에서도 시각적 요소들을 모양, 크기(5장) 위치, 색(6장)으로 구분하고 소리의 각 요소들을 이용하여 시각적 요소들을 제어해볼 것입니다.

5.1 도형의 선택(모양) : 소리에 따라 도형의 모양 바꾸기

음량, 음고, 음색에 따라 모양이 바뀌는 도형을 만들기 전에 GEM이라는 라이브러리에 익숙해지기 위하여 몇 가지 도형을 만들어보도록 하겠습니다.

:: GEM의 기본적인 사용방법

1. 원(Circle) 만들기

다음과 같이 패치를 구성해보도록 하겠습니다.

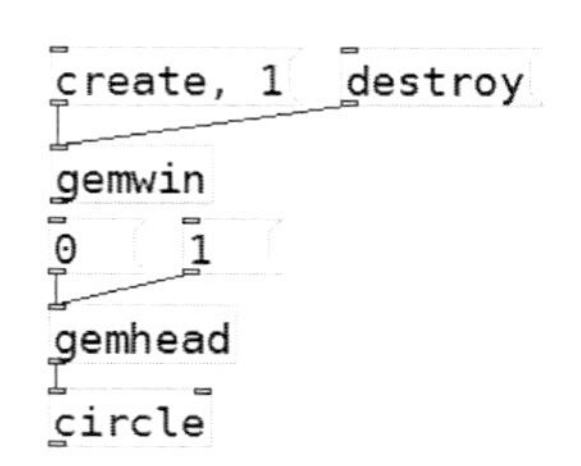

그림 5-1 GEM을 이용하여 원을 그리기 위한 Pd 패치

패치 구성을 마쳤다면 실행 모드로 전환하고 [create, 1 (메시지 상자를 클릭해봅시다. 검은색 창이 하나 만들어지고 하얀색 원이 만들어진 것을 확인할 수 있을 것입니다.

그럼 여기에서 사용된 새로운 객체(오브젝트, Object)들에 대하여 알아보도록 하겠습니다.

- [gemwin] : gemwin은 GEM 라이브러리를 이용한 창(윈도우, Window)을 열기 위한 객체입니다. [gemwin] 객체에서 [create, 1 (이라는 메시지를 입력받으면 GEM 실행을 위한 창이 열리고 [destroy (메시지를 입력받으면 창이 닫히게 됩니다. create는 GEM 윈도우를 새로 열라는 의미이고 1은 렌더링을 시작하라는 의미입니다. 반면 destroy는 창을 닫으라는 의미인데요. 좀 더 명확하게 하려면 [0,

destroy (라는 메시지 상자를 이용해서 렌더링을 멈추고(0) 창을 닫으라(destroy) 고 지정해주는 것이 좋습니다.

- [gemhead] : gemhead는 GEM 윈도우에 그림을 그리라는 명령과 같습니다. (정확히는 렌더링 – Rendering – 이라는 용어를 사용합니다.) [gemhead] 객체가 [0 (이라는 메시지를 입력받으면 그림이 지워지고 [1 (이라는 메시지를 입력받으면 그림이 그려지게 됩니다.
- [circle] : circle은 원을 그리는 객체입니다.
  [circle]은 두 개의 입력단자(Inlet)가 있는데 첫 번째 단자(왼쪽 Inlet)는 [gemhead]와 연결이 되고 메시지 상자를 이용해서 원을 그리는 방법을 설정할 수 있습니다.
  그림 5–2와 같이 [draw point (, [draw line (, [draw fill (이라는 메시지 상자를 연결한 후, 각 메시지 상자를 클릭하면 원의 형태가 점선으로 그려진 원(draw point), 선으로 그려진 원(draw line), 내부가 채워진 원(draw fill)이 그려지게 됩니다.

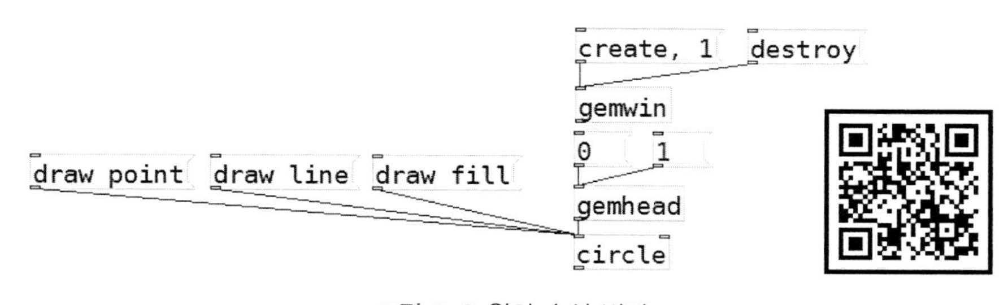

그림 5–2 원의 속성 변경

[create, 1 (메시지 상자를 클릭해서 GEM 창을 열고 난 후, [gemhead]와 연결된 [0 (, [1 (메시지 상자를 클릭하여 원을 그리거나 없애기도 해보고 [draw point (, [draw line (, [draw fill (메시지 상자를 클릭하여 원의 모습도 변화를 시도해보기 바랍니다. 충분히 감을 잡았다면 [destroy (메시지 상자를 클릭하여 GEM 창을 닫도록 합니다.

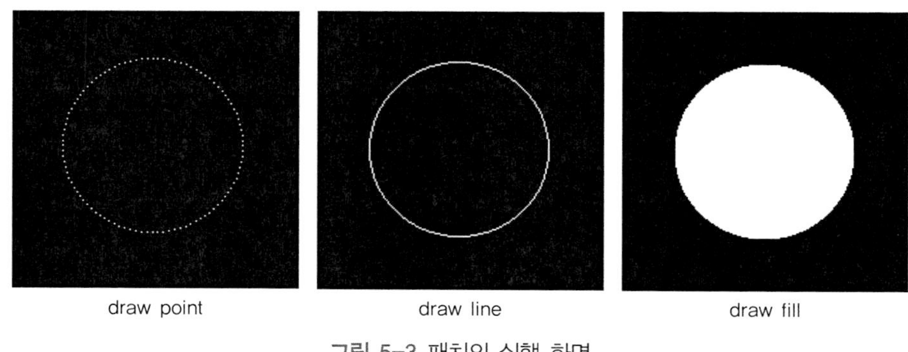

그림 5-3 패치의 실행 화면

2. 사각형(Square) 만들기

다음과 같이 패치를 구성해보도록 하겠습니다.

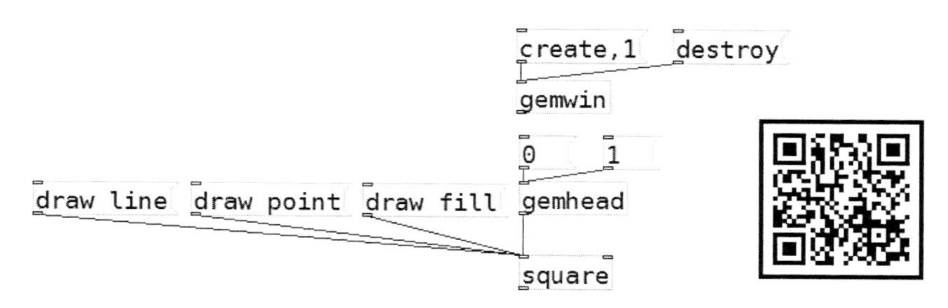

그림 5-4 GEM을 이용하여 사각형을 그리기 위한 Pd 패치

앞서 만든 패치와 다른 점이 있다면 [circle]이라는 객체가 [square] 객체로 바뀐 것뿐입니다. [square] 객체는 사각형을 만드는 객체로 사용법은 [circle] 객체와 동일합니다.

패치 구성을 마쳤다면 실행 모드로 전환하고 [create, 1 (메시지 상자를 클릭해봅시다. 검은색 창이 하나 만들어지고 하얀색 사각형이 만들어진 것을 확인할 수 있을 것입니다.

원을 만들었을 때와 같이 [create, 1 (메시지 상자를 클릭해서 GEM 창을 열고 난 후, [gemhead]와 연결된 [0 (, [1 (메시지 상자를 클릭하여 사각형을 그리거나 없애기도 해보고 [draw point (, [draw line (, [draw fill (메시지 상자를 클릭하여 사각형의 모습도 변화를 시도해보기 바랍니다. 충분히 감을 잡았다면 [destroy (메시지 상자를 클릭하여 GEM 창을 닫도록 합니다.

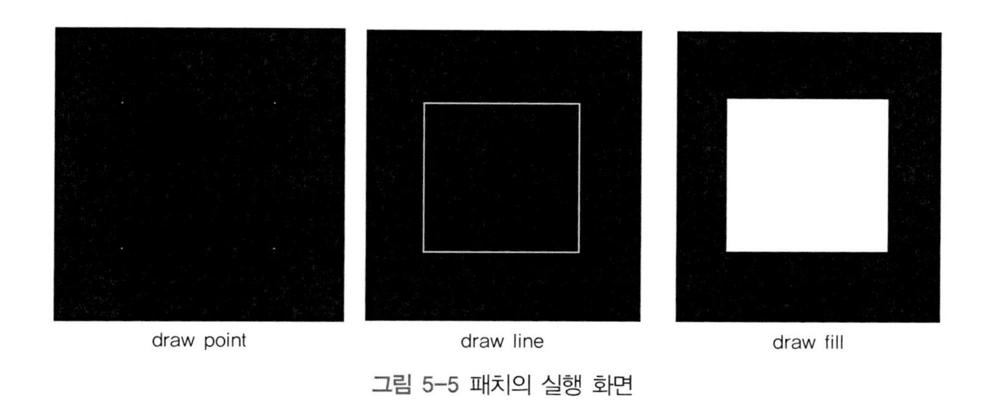

그림 5-5 패치의 실행 화면

3. 삼각형(Triangle) 만들기

다음과 같이 패치를 구성해보도록 하겠습니다.

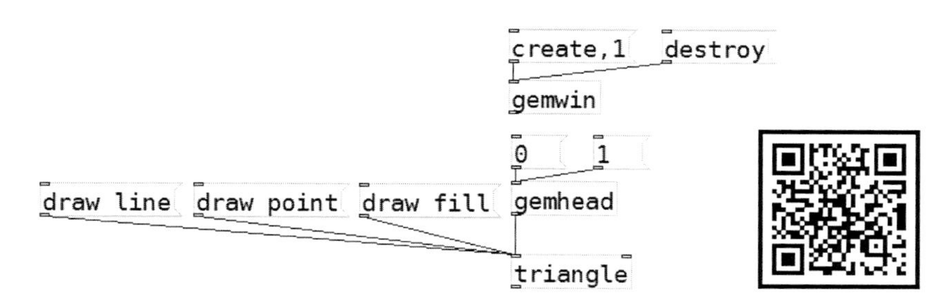

그림 5-6 GEM을 이용하여 삼각형을 그리기 위한 Pd 패치

앞서 만든 패치와 다른 점이 있다면 [square] 객체가 [triangle] 객체로 바뀐 것뿐입니다. [triangle] 객체는 삼각형을 만드는 객체로 사용법은 [circle]이나 [square] 객체와 동일합니다.

패치 구성을 마쳤다면 실행 모드로 전환하고 [create, 1 (메시지 상자를 클릭해봅시다. 검은색 창이 하나 만들어지고 하얀색 삼각형이 만들어진 것을 확인할 수 있을 것입니다.

원이나 사각형을 만들었을 때와 같이 [create, 1 (메시지 상자를 클릭해서 GEM 창을 열고 난 후, [gemhead]와 연결된 [0 (, [1 (메시지 상자를 클릭하여 사각형을 그리거나 없애기도 해보고 [draw point (, [draw line (, [draw fill (메시지 상자를 클릭하여 사각형의 모습도 변화를 시도해보기 바랍니다. 충분히 감을 잡았다면 [destroy (메시지 상자를 클릭하여 GEM 창을 닫도록 합니다.

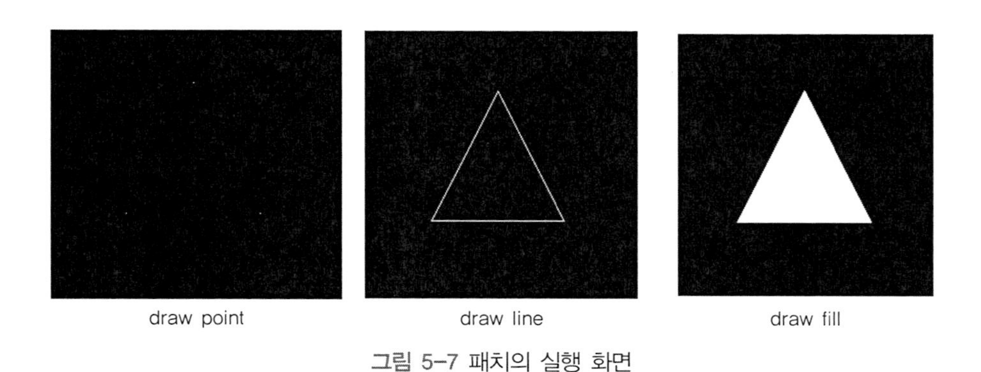

그림 5-7 패치의 실행 화면

그럼 이제 GEM을 이용하여 원, 사각형, 삼각형을 만드는 방법을 익혔으니 이제 첫 번째 소리 요소인 음량의 변화에 따라 도형의 모양이 바뀌는 실험을 해보도록 하겠습니다.

:: 음량에 따라 모양이 바뀌는 도형

2장에서 음량을 읽어 오기 위해서 사용했던 패치를 일단 만들어보겠습니다. 이제는 그림 5-8의 패치를 만드는 것에 이미 익숙해졌으리라 생각이 되네요.

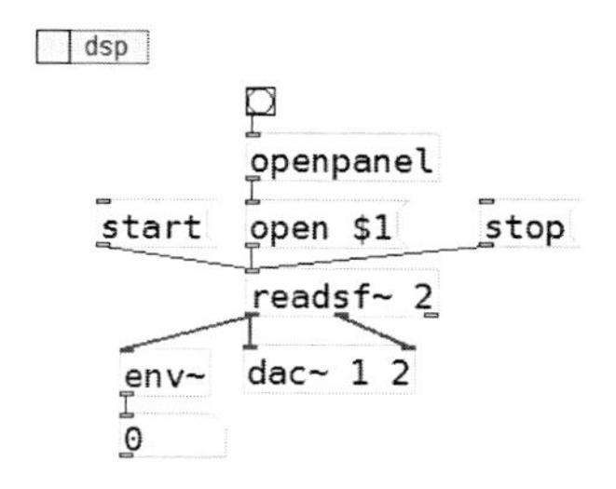

그림 5-8 wav 파일을 불러와서 음량을 보여주는 패치

이제 [env~] 객체를 통해 만들어지는 0~99까지의 변화하는 값의 크기에 따라서 도형의 모양이 바뀌는 패치를 만들어보도록 하겠습니다.

Step 1. 음량을 단계별로 나누기

[env~] 객체를 통해서 만들어지는 값의 범위를 정해서 특정한 범위의 값들이 만들어지면 1, 그렇지 않으면 0을 출력하도록 합니다.

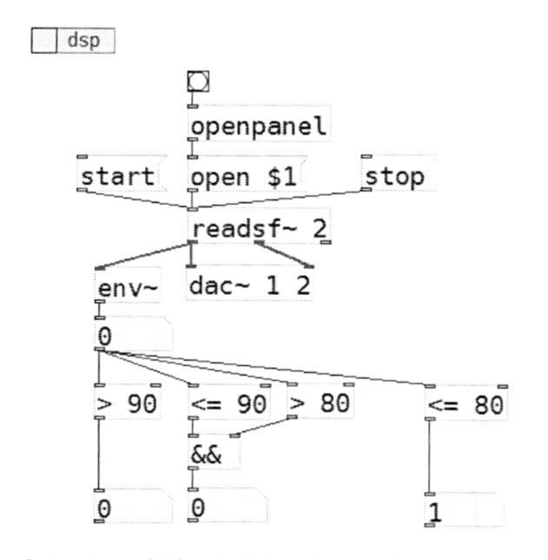

그림 5-9 3개의 범위를 나눠서 1과 0을 출력하게끔 만든 패치

그림 5-9에서 부등호는 그 조건을 만족하면 1을 출력하고 만족하지 않으면 0을 출력하게 됩니다. 예를 들어 제일 왼쪽의 [> 90]이라고 하는 객체는 입력된 값이 90보다 크면 1을 출력하고 그렇지 않으면 0을 출력하게 되며, 제일 오른쪽의 [<= 80] 객체는 입력된 값이 80보다 작거나 같으면 1을 출력하고 80보다 큰 값이 입력되면 0을 출력하게 되는 것입니다.

중간의 객체는 90보다 작거나 같은 값이 입력되었을 때 1이 출력되고 80보다 큰 값이 입력되었을 때 1일 출력되는 두 개의 출력 값을 [&&]라는 객체로 연결하여 두 조건을 모두 만족한 경우에만 1을 출력하게끔 만든 것입니다.

이제 DSP를 켜고 뱅을 클릭해서 wav 파일을 선택한 후, [start (메시지 상자를 클릭해서 음악을 재생하면 음량에 따라서 세 개의 숫자상자가 음량에 따라서 1과 0으로 바뀌는 것을 확인할 수 있을 것입니다.

Step 2. 음량에 따라서 각기 다른 도형을 할당하기

이제 앞서 만들어보았던 다양한 도형들을 각각의 숫자상자 아래에 배치하여 음량에 따라서 도형의 모양이 바뀌게끔 해보겠습니다.

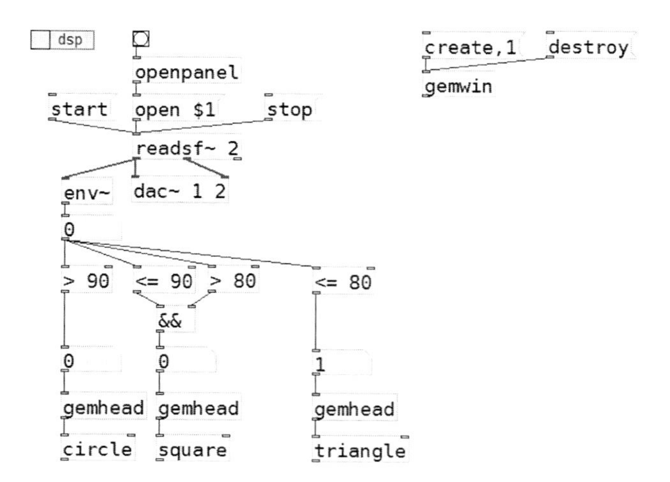

그림 5-10 음량에 따라서 도형의 모양이 바뀌는 패치

[gemhead] 객체는 그림을 그리기 시작하라는 명령(렌더링-rendering)이며 1이 입력되면 그림을 그리고 0이 입력되면 그림을 지운다고 하였습니다. 이 성질을 이용하여 그림 5-10과 같은 패치를 구성하면 음량에 따라서 도형의 모양이 바뀌는 패치를 만들 수 있게 됩니다.

:: 음고에 따라 모양이 바뀌는 도형(polygon을 이용한 별 만들기)

이번에는 GEM의 [polygon]이라는 객체를 이용하여 그림 5-11과 같이 별의 모양이 변하는 실험을 해볼 것입니다.

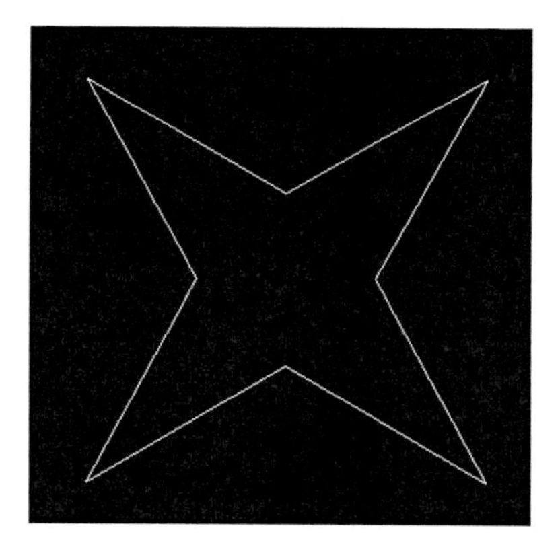

그림 5-11 음높이에 따라 모양이 변화하는 패치 만들기

여기서는 [polygon]이라고 하는 객체를 사용했는데요. [polygon]은 다각형을 만드는 객체로 점의 위치를 설정하면 각 점을 연결하여 다각형을 만들어줍니다.

예를 들어 5개의 점으로 구성된 오각형을 만들고 싶다면 다음과 같이 패치를 만들면 됩니다.

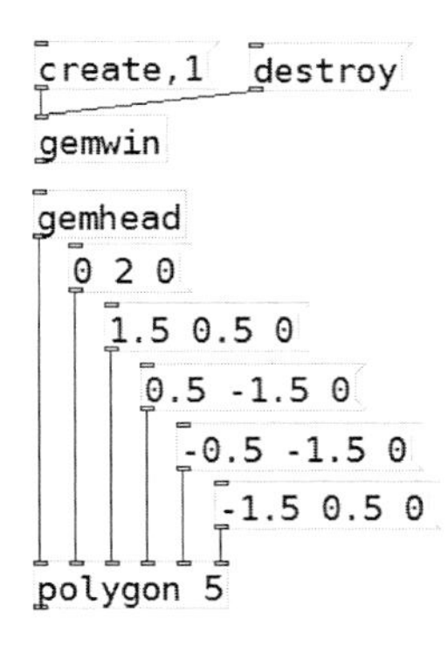

그림 5-12 [polygon] 객체를 이용한 오각형 만들기 패치

이제 실행 모드로 전환하고 [create, 1 (메시지 상자를 클릭해봅시다. 그런데 GEM 창에 아무런 그림이 표시되어 있지 않습니다. 그렇다면 [polygon 5]와 연결되어 있는 메시지 상자들을 하나씩 클릭해보도록 하겠습니다. 뭔가 그림이 만들어지기 시작할 것입니다. 그리고 5개의 메시지 상자를 모두 클릭하고 나면 드디어 오각형이 만들어지는 것을 확인할 수 있습니다.

그럼 이제부터 [polygon] 객체에 대해서 조금 더 자세히 알아보겠습니다.

계속 [polygon] 객체라고 이야기했지만 실제로는 [polygon 5]라고 적어놓을 것을 보고 의아하게 여기는 분도 있을 것 같은데요. 이와 같이 객체의 옆에 어떤 변수를 지정하는 것을 아규먼트(Argument)라고 하는데요. 여기서는 아규먼트가 5가 됩니다. [polygon] 객체의 아규먼트는 몇 개의 점으로 구성된 다각형인지를 설정하게 됩니다. 우리는 다섯 개의 점으로 이루어진 다각형, 즉 오각형을 만들기 위해서 5라는 값을 지정해준 것입니다. 아규먼트 값에 따라서 입력단자(Inlet)의 수가 달라지게 되며 5라고 지정을 한 경우에는 제일 왼쪽에 있는 입력단자(Inlet) 이외에 5개의 입력단자가 더 생기게 되며 이 5개의 입력단자에 각 점의 위치를 메시지 상자로 지정해주면 됩니다.

그렇다면 점의 위치는 어떤 식으로 지정을 하는 것일까요?

GEM에서 위치를 지정할 때는 기본적으로 X, Y, Z의 값으로 설정을 하며 X, Y, Z는 다음과 같은 의미를 갖습니다.

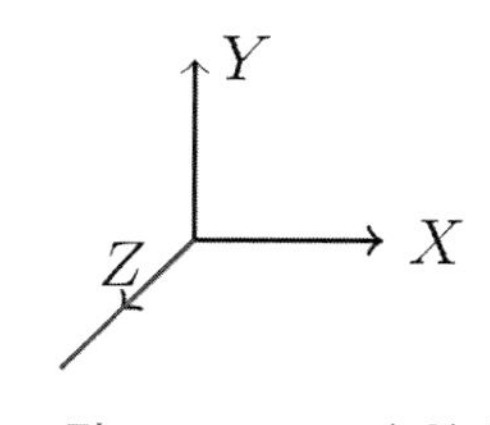

그림 5-13 X Y Z의 위치

그림 5-13에서 보듯이 X는 좌우, Y는 위아래, Z는 앞뒤를 의미하는 3차원 공간에서의 좌표를 나타내게 됩니다.

3차원 공간까지 다루기에는 아직은 좀 복잡한 듯하여 우리는 Z의 값을 모두 0으로 하여 XY 평면에서의 오각형을 만든 것입니다.

앞서 우리가 만든 오각형의 XY 값을 표시하면 다음과 같습니다.

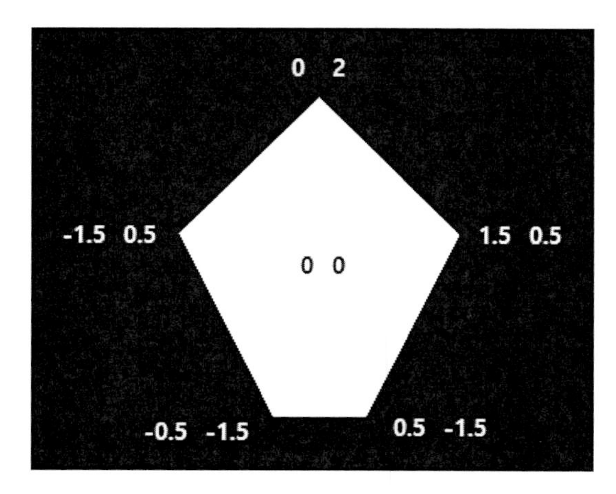

그림 5-14 X Y Z 좌표값

그런데 앞서 패치를 실행했을 때, 각 좌표 정보를 가지고 있는 메시지 상자들을 일일이 클릭해줘야 했었는데요. [create (메시지 상자를 클릭했을 때 바로 우리가 원하는 다각형이 나타나게 할 수는 없을까요?
물론 가능합니다. 이와 같이 구현하기 위해서 그림 5-12의 패치를 약간 수정해보도록 하겠습니다.

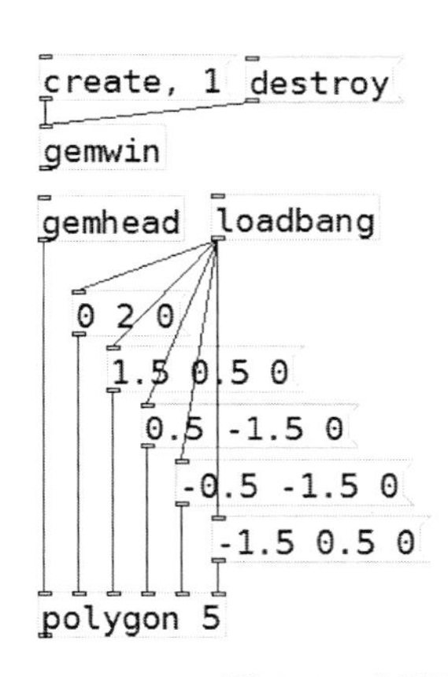

그림 5-15 수정된 패치

수정된 패치에서는 그림 5-15와 같이 [loadbang]이라는 객체를 좌표에 대한 정보를 가지고 있는 메시지 상자의 입력에 연결해놓았습니다.
[loadbang] 객체는 패치를 불러오는 순간 뱅을 하게 되는데요. 뱅을 하게 되면 각 메시지 상자를 한 번씩 클릭하는 것과 같은 역할을 하게 됩니다.

이제 패치를 저장한 후, 패치를 닫았다가 다시 불러옵니다. (방금 설명한 것과 같이 패치를 불러오는 순간 모든 [loadbang]이 동작하므로 패치를 닫았다가 다시 열어야 합니다.)
그리고 [create, 1 (을 클릭하여 GEM 창을 열면 이번에는 오각형이 만들어져 있는 것을 볼 수 있습니다.

이제 [polygon] 객체에 대해서 익숙해졌다면 [polygon] 객체를 이용하여 음의 높낮이에 따라서 모양이 변하는 패치를 구성해보겠습니다.

패치를 구성하기에 앞서 만들고자 하는 모양을 간단하게 디자인해보도록 하겠습니다.

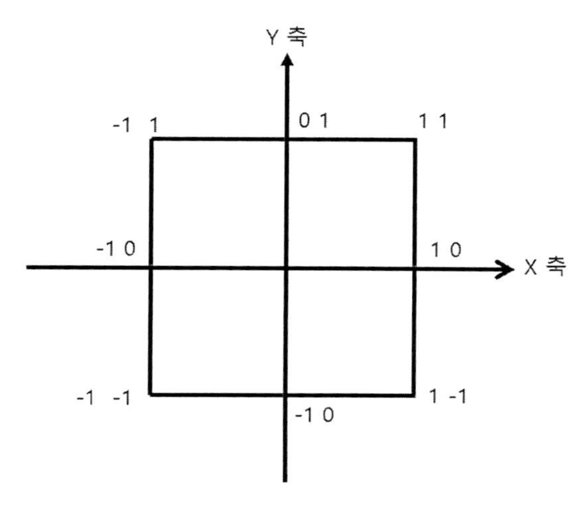

그림 5-16 만들고자 하는 다각형

그림 5-16과 같은 다각형에서 X축, Y축 위에 놓인 점을 고정시키고 나머지 점들이 일정한 비율로 줄어들거나 늘어나게 된다면 4각 모양의 별이 만들어지게 될 것입니다.

그림 다음과 같은 패치를 만들어봅시다.

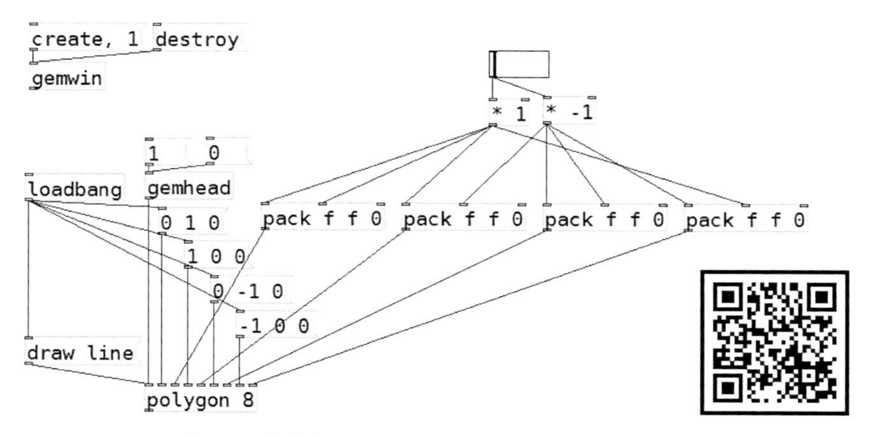

그림 5-17 슬라이더의 움직임에 따라 모양이 변화하는 패치

가로 슬라이더([hslider] 객체)의 속성값은 그림 5-18과 같습니다.

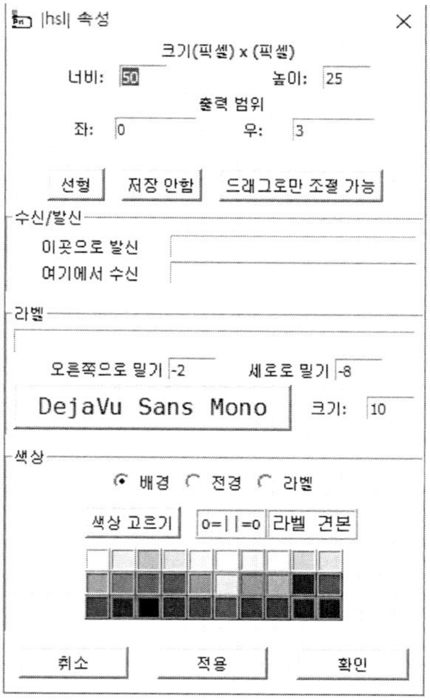

그림 5-18 가로 슬라이더의 속성값

그림 5-17의 패치에서는 [polygon]의 아규먼트를 8로 해서 8개의 점을 이어서 다각형을 만들게 됩니다. 그리고 8개의 점의 위치는 그림 5-16에서 설명한 것과 같이 X축과 Y축상에 놓인 4개의 점은 메시지 상자를 이용해서 고정시키고 나머지 4개의 점은 가로 슬라이더를 움직여서 변화되게끔 만들었습니다. 이 부분의 구현을 위해서 두 가지의 기술이 사용되었는데요.

하나는 [pack]이라는 객체입니다. [polygon] 객체에서는 하나의 위치를 지정하기 위해서 X Y Z에 대한 값을 하나의 메시지 상자로 입력받았습니다. 이렇게 여러 개의 값을 하나의 데이터로 만들고자 할 때 사용하는 객체가 [pack] 객체입니다.

f f 0라고 하는 아규먼트는 3개의 값을 하나의 데이터로 묶어서 내보내겠다는 것을 의미하며 f는 실수값을 출력하겠다는 것을, 그리고 0은 그 값을 그대로 출력하겠다는 것을 뜻합니다. 따라서 슬라이더를 이용해서 0.5라는 값을 만들어냈다면 [pack f f 0]을 통과한 데이터는 0.5 0.5 0이라는 데이터가 출력이 되는 것입니다.

다음으로는 움직여야 하는 네 개의 점의 움직이는 방향을 만들어내는 것입니다. 그림 5-16의 그림에서 1 1의 점은 0 0 지점으로부터 시작해서 X축 Y축 모두 점점 커지게 되어 있습니다. 따라서 이 점은 슬라이더의 값을 그대로 X축과 Y축의 값으로 읽어 오면 됩니다. 오른쪽 하단의 1 -1의 점은 0 0 지점으로부터 X축의 값은 점점 커지지만 Y축 값은 마이너스(-) 방향으로 커지게 됩니다. 이를 위해서 슬라이더로부터 만들어진 값에 -1을 곱한 값을 Y축의 값으로 사용합니다. 이와 같은 방법으로 왼쪽 하단에 위치한 점과 왼쪽 상단에 위치한 점도 슬라이더를 움직임에 따라서 변화가 되게끔 설정합니다.

이제 실행 모드로 전환하고 [create, 1 (를 클릭한 후, 슬라이더를 좌우로 움직여봅니다. 그림 5-19와 같이 도형의 모양이 변화되는 것을 확인할 수 있을 것입니다.

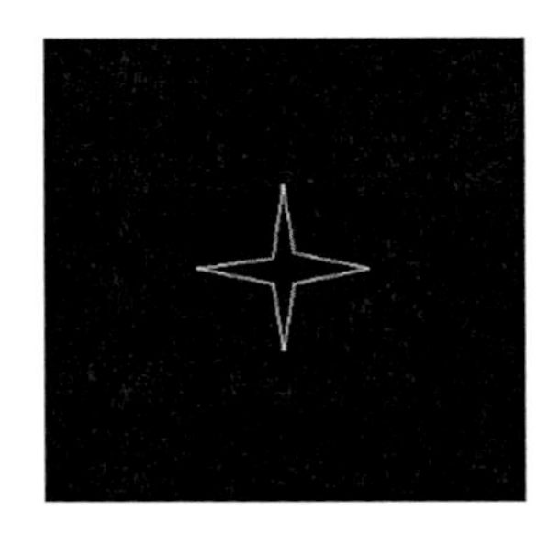
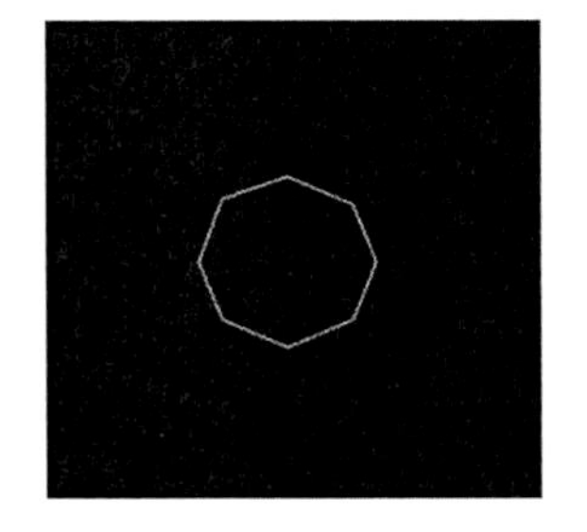
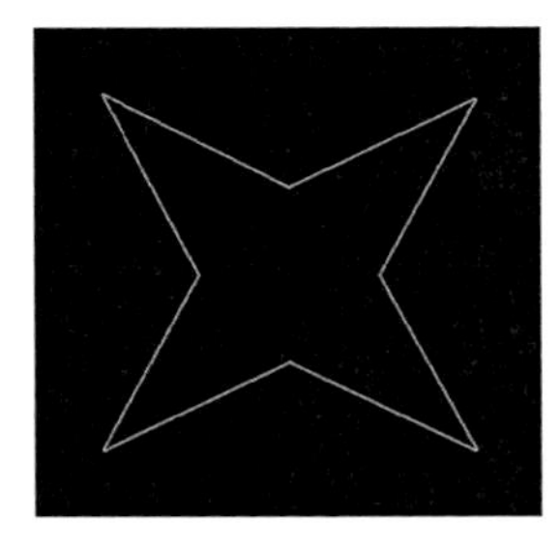

그림 5-19 슬라이더의 움직임에 따른 도형의 모양 변화

그럼 이제 슬라이더가 아니라 우리의 목소리의 높낮이로 모양의 변화가 생기게끔 패치를 수정해보겠습니다.

앞서 실습했던 패치들을 적절하게 혼합하면 그림 5-20과 같은 패치를 만들 수 있습니다.

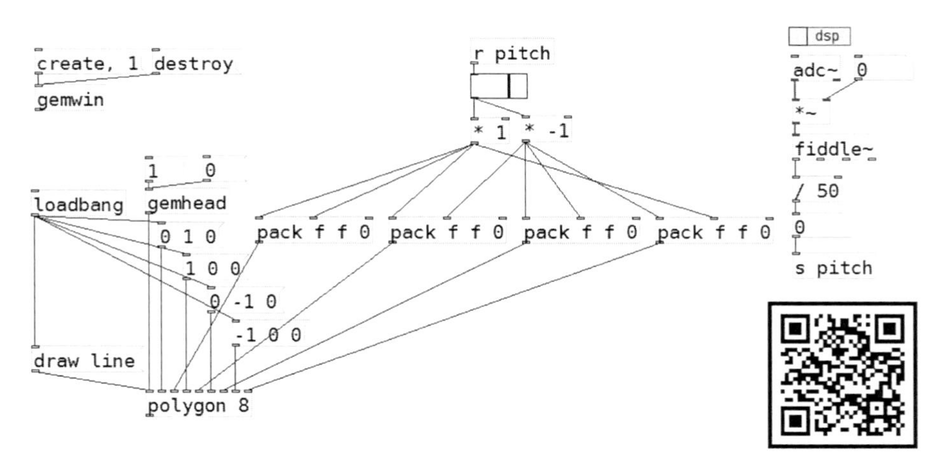

그림 5-20 음의 높낮이로 도형의 모양이 바뀌는 패치

우리의 목소리를 입력받고 [fiddle~] 객체를 통해서 음의 높낮이에 대한 정보를 추출하니 그 값이 0~127의 값을 갖게 되었습니다. 그런데 우리는 기껏해야 2~3 정도의 값만을 사용하게 됩니다. (슬라이더의 최댓값이 3이었음을 떠올려보세요.) 그래서 [fiddle~] 객체에서 만들어진 값을 50으로 나누게 된 것입니다.
그리고 Pd에서는 복잡한 선의 연결을 간결하게 표시하기 위해서 [s]와 [r]이라는 객체를 사용할 수 있습니다. [s] 객체는 데이터를 송신(send)하는 데 사용되며 [r] 객체는 데이터를 수신(receive)하는 데 사용이 됩니다. [s]와 [r] 객체의 아규먼트는 각각 보내고자 하는 곳의 이름을 지정하게 됩니다. 그림 5-20의 패치에서는 [s pitch]라는 객체를 통해서 [fiddle~]로부터 만들어진 값을 50으로 나눈 다음 pitch라고 하는 곳으로 데이터를 전송하게 되며 그 값은 [r pitch]라고 하는 객체로 전달이 되어 4개의 점을 움직이게 됩니다.

이제 실행 모드로 전환하고 DSP를 켠 후, [create, 1 (를 클릭하여 GEM 창을 열어봅시다. 그리고 열심히 목소리를 내보지만 모양의 변화는 안보입니다.
왜 일까요?
그렇습니다. [adc~]를 통해서 입력된 소리에 현재 0이 곱해져 있기 때문에 아무리 소리를 내도 입력된 소리는 뮤트된 것과 다를 바가 없습니다. 곱하기 객체 [*~]에 연결된 숫자상자의 값을 올려보면 여러분이 어떤 음을 낼 때마다 모양이 변화되는 것을 확인할 수 있을 것입니다. (현재 50으로 설정된 나누는 값을 조정하면 모양이 변화하는 추이가 변하게 됩니다. 이 값을 조정해가면서 여러분이 원하는 모양의 변화를 만들어보세요.)

:: 음색에 따라 모양이 바뀌는 도형

우리 주변에서 그림 5-21과 같이 삼각형이나 오각형 등으로 이루어진 균형도를 어렵지 않게 접하게 됩니다. 균형도를 통해서 각각의 요소들이 얼마나 잘 균형이 잡혀 있는가를 한눈에 가늠해볼 수 있게 됩니다.

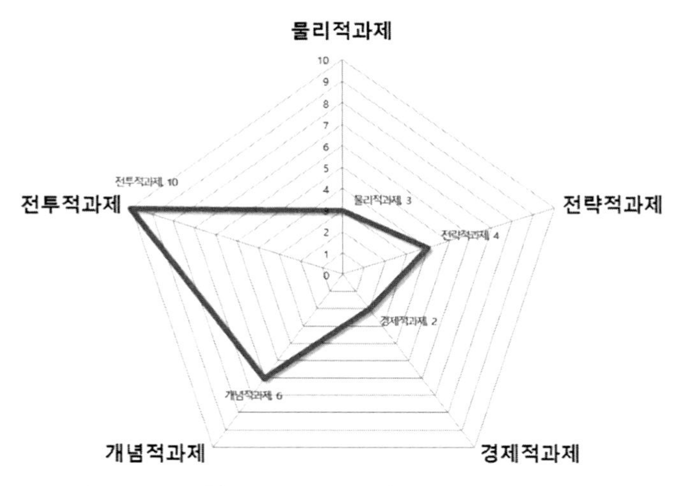

그림 5-21 오각형으로 구성된 균형(게임 분석을 위한 균형도)

그렇다면 소리를 시각화할 때도 이와 같은 균형도의 개념을 이용해서 저음, 중음, 고음이 얼마나 균형이 잡혀 있는가도 표현해볼 수 있지 않을까요?

그래서 이번에는 저음, 중음, 고음이 각각 얼마나 고르게 분포되어 있는지를 확인할 수 있는 삼각형을 만들어보고자 합니다.

기본적으로 4장에서 만들었던 그림 4-2와 같은 패치를 사용하고 GEM의 [polygon] 객체를 이용하여 구성하였습니다.
그림 5-22 패치를 보면 저음부는 －25로 나누어서 0부터 －4까지의 값으로 움직이게 되고 그 값은 [pack f 0 0]으로 묶어서 다각형을 이루는 첫 번째 좌표로 설정이 됩니다. 따라서 저음의 크기는 삼각형의 왼쪽 점의 위치가 됩니다.
중음부는 25로 나누어서 0부터 4까지의 값으로 움직이게 되고 그 값은 [pack f 0 0]으로 묶어서 다각형을 이루는 두 번째 좌표로 설정이 됩니다. 따라서 중음의 크기는 삼각형의 오른쪽 점의 위치가 됩니다.

마지막으로 고음부는 25로 나누어서 0부터 4까지의 값으로 움직이게 되고 그 값은 [pack 0 f 0]으로 묶어서 다각형을 이루는 세 번째 좌표로 설정이 됩니다. 따라서 고음의 크기는 삼각형의 윗 방향의 점의 위치가 됩니다.
이제 음악을 재생하면 저음, 중음, 고음의 크기에 따라서 삼각형의 모양에 변화가 생기는 것을 확인할 수 있을 것입니다.

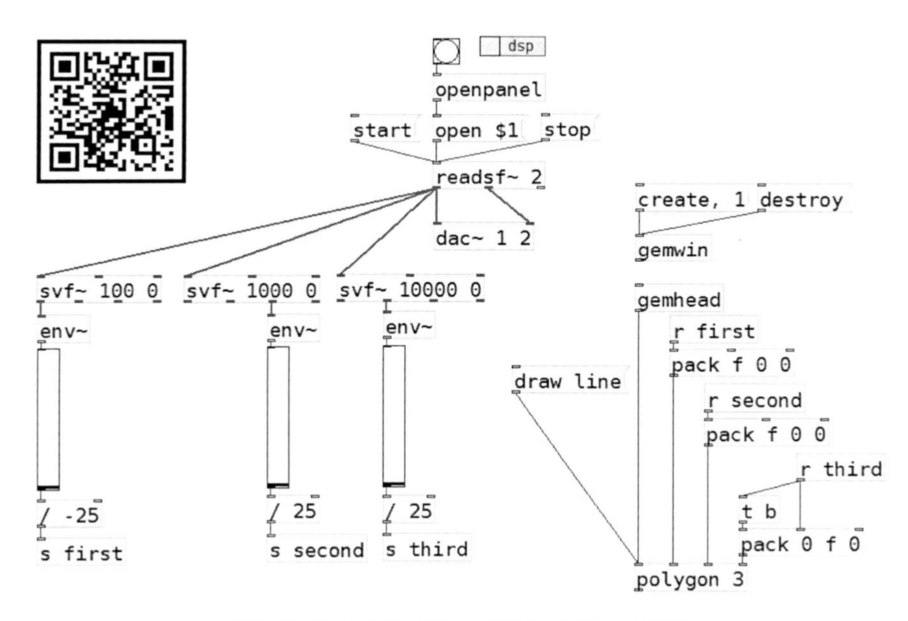

그림 5-22 음색에 따라서 모양이 바뀌는 삼각형

이때 사용된 [t]는 trigger 명령을 하는 객체인데요. 어떤 신호가 들어왔을 때 아규먼트에서 지정한 형태의 값을 출력하는 객체입니다. 따라서 그림 5-22의 경우는 third의 값이 [t b]로 입력되면 [b], 즉 뱅이 출력되게 되죠.
그런데 first나 second에는 사용을 하지 않았는데 왜 third에만 이런 방법이 사용되었을까요?
대부분의 객체는 제일 왼쪽에 위치한 Inlet에 신호가 들어왔을 때 동작을 하게 되어 있습니다.

first나 second의 경우는 pack의 제일 왼쪽 값을 변화시키는 거라서 값이 들어오는 순간 packing을 해서 출력을 하지만 third의 경우는 안타깝게도 두 번째 Inlet을 통해서 값이 입력되기에 제일 왼편 Inlet에 뱅 메시지를 함께 입력해주어야만 third의 값이 들어올 때 그 값이 packing되어 출력되는 것이랍니다.

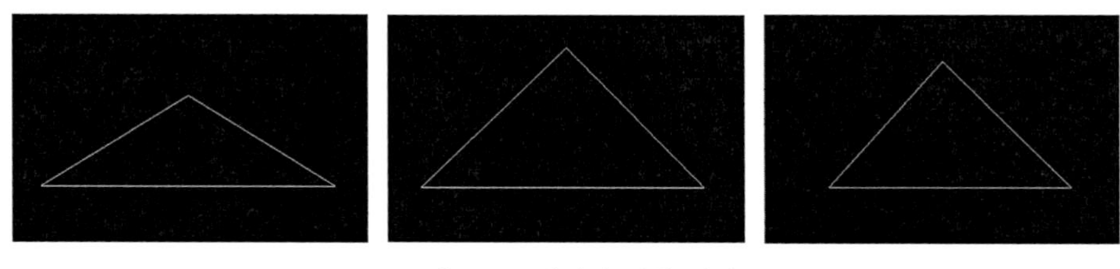

그림 5-23 패치의 실행 화면

5.2 도형의 크기 : 소리에 따라 도형의 크기 바꾸기

5-1장에서는 소리에 따라 도형의 모양을 변화시켜보았다면, 이번 5-2장에서는 음량, 음고, 음색에 따라 크기가 변화하는 도형을 만들어볼 것입니다.

:: 음량에 따라 크기가 바뀌는 도형

앞서 [circle], [square], [triangle] 객체를 설명하면서 왼쪽 입력단자(Inlet)에는 [draw point (, [draw line (, [draw fill (과 같은 메시지 상자를 연결하여 도형을 그리는 방법을 설정할 수 있다는 설명을 했었습니다. 그럼 오른쪽 입력단자(Inlet)는 어떤 역할을 할까요?
오른쪽 입력단자는 도형의 크기를 조정하게 됩니다. 그럼 그 값에 따라서 크기가 얼마나 변하는지 다음의 패치를 통해서 확인해보도록 하겠습니다.

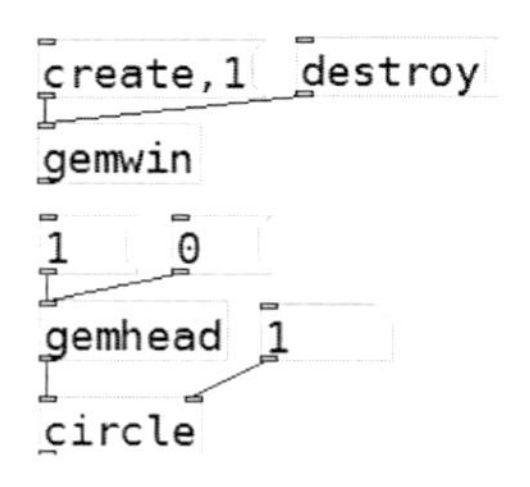

그림 5-24 도형의 크기 변화 실험 패치

그림 5-24와 같이 패치를 작성하고 실행 모드로 변경한 후 [create, 1 (메시지 상자를 클릭하여 GEM 창을 엽니다. [circle] 객체의 오른쪽 입력단자에 연결된 숫자상자의 값을 변화시켜서(실행 모드에서 숫자상자를 클릭하고 마우스를 위로 올리면 값이 올라가고 클릭한 상태에서 마우스를 내리면 값이 줄어듭니다.) 원의 크기가 어떻게 변하는지 확인해봅니다.

그럼 앞서 만들었던 그림 5-24의 패치를 조금 수정하여 음량에 따라 크기가 변화하는 원을 만들어보도록 하겠습니다.

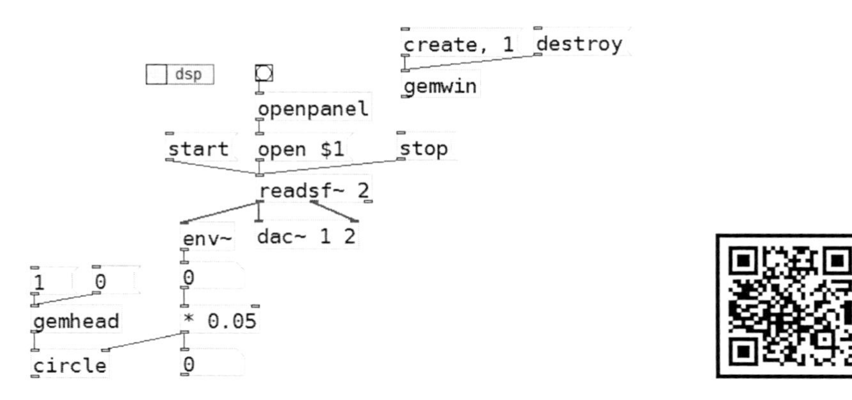

그림 5-25 음량에 따라 크기가 변하는 원 패치

[env~] 객체가 0~99까지의 값을 만들어내는 데 비해 앞선 실험을 통해 확인해본 바로는 5 정도의 값이면 이미 상당한 크기의 도형이 만들어진 것을 알 수 있었습니다. 그래서 그림 5-25의 패치에서는 [env~] 객체에서 만들어진 값에 0.05를 곱해서 0~5 정도의 값으로 변환을 하여 도형의 크기를 조정하게끔 구현했습니다.

이 패치를 실행하고 음악을 재생하면 음량에 따라서 원의 크기가 변화하는 것을 확인할 수 있습니다.

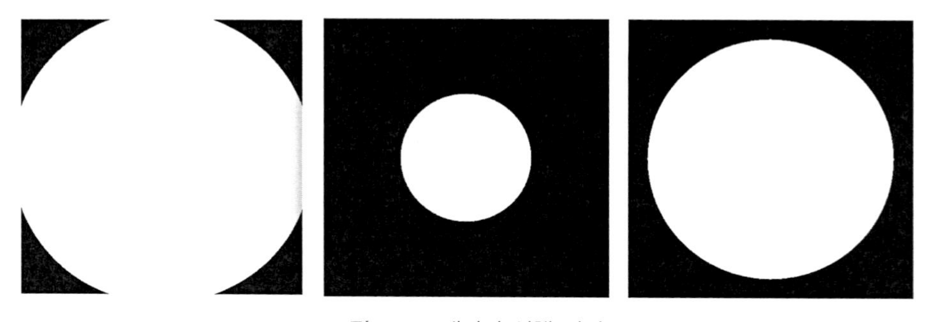

그림 5-26 패치의 실행 화면

:: 음고에 따라 크기가 바뀌는 도형(rectangle을 이용한 음높이 표시기)

이번에는 소리의 높낮이에 따라서 크기가 바뀌는 사각형을 만들어보겠습니다. 정확하게 표현하자면 소리의 높낮이에 따라서 사각형의 높이도 함께 변화가 되도록 할 것입니다.
이를 위해서 GEM의 [rectangle]이라는 객체를 사용할 것입니다. 그럼 먼저 다음의 패치를 통해서 [rectangle] 객체의 사용법을 익혀 보겠습니다.

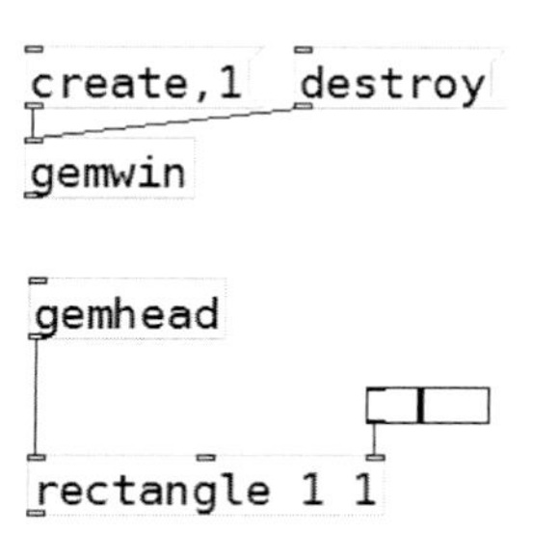

그림 5-27 [rectangle] 객체 실험

[rectangle] 객체의 아규먼트는 사각형의 너비와 높이에 대한 초깃값을 지정하는 데 사용됩니다. 그림 5-27의 패치에서는 너비 1, 높이 1인 정사각형이 기본값이 됩니다. 그리고 [rectangle] 객체의 입력단자가 3개가 보이는데요. 두 번째 입력단자가 너비를 조절하는 데 사용되며 세 번째 입력단자가 높이를 조절하는 데 사용됩니다. 우리의 실험에서는 높이를 조절하기 위해서 세 번째 입력단자에 가로 슬라이더(hslider)를 연결하였으며 속성에서 최솟값을 0, 최댓값을 3으로 설정하였습니다. 이제 [create, 1 (를 클릭하여 GEM 창을 열고 슬라이더를 좌우로 움직이면 사각형의 높이가 변하는 것을 확인할 수 있을 것입니다.
그럼 목소리를 입력받아서 사각형의 높이가 변하는 패치는 어떻게 구성하면 될까요? 이전에 음의 높낮이로 도형의 모양을 바꾸기 위해 만들었던 그림 5-20의 패치에서 소리의 높낮이에 대한 정보를 [s pitch]라고 하는 객체를 이용하여 보냈으니 다음과

같이 패치를 수정하면, 입력되는 소리의 높이에 따라 사각형의 높이가 변하는 패치를 간단하게 만들 수 있습니다.

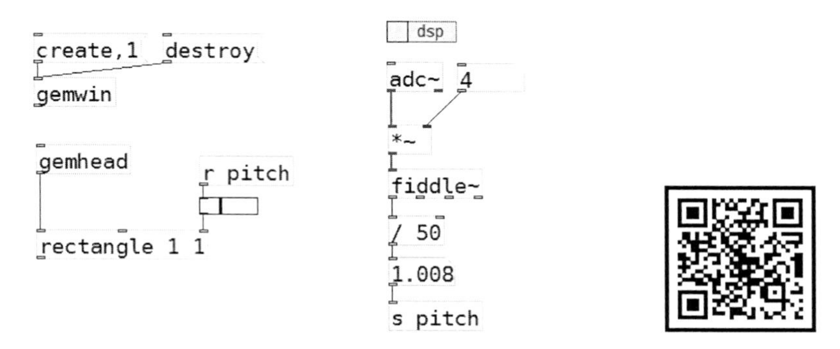

그림 5-28 음높이에 따라 높이가 변하는 사각형 패치

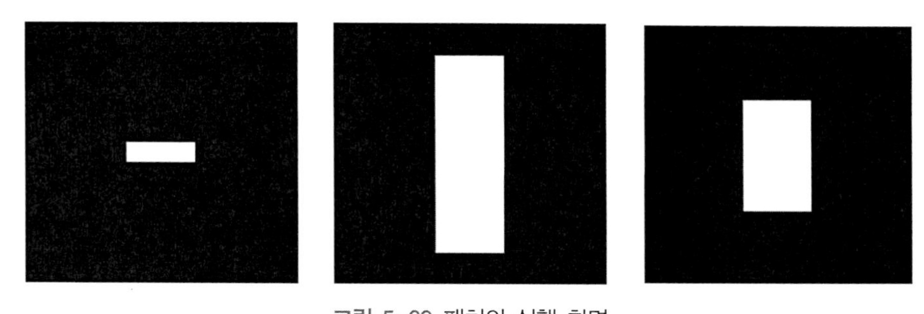

그림 5-29 패치의 실행 화면

:: 음색에 따라 크기가 바뀌는 3개의 도형

오디오 기기들을 보면(특히 카오디오) 다양한 형태의 스펙트럼 아날라이저(Spectrum Analyzer)를 보게 됩니다. 아주 화려한 형태의 스펙트럼 아날라이저도 심심치 않게 보게 되죠. 그중에서 각 대역에 각각 특정한 도형을 할당하고 그 대역의 크기에 따라서 그 도형의 크기가 변화하는 스펙트럼 아날라이저를 구현해보도록 하겠습니다.

패치는 기본적으로 4장에서 만든 그림 4-2와 같은 패치를 사용하되 조금의 수정을 거쳐 그림 5-30과 같은 패치를 만들어봅니다.

모두 지금까지 사용되었던 객체들이기에 그리 어렵지 않게 이해할 수 있을 것입니다. 다만 [env~]에서 만들어진 값을 30으로 나누어서 직사각형의 너비가 0부터 3.33 정도까지 변화가 되게끔 하였고 그 값을 [s low], [s mid], [s high]와 같이 send 객체를 통해서 보내고 [r low], [r mid], [r high], 즉 receive 객체를 통해서 받도록 하여 패치를 보기 쉽게 만들었습니다.

이렇듯 low, mid, high의 값은 [rectangle] 객체의 너비를 조정하는데 사용하였습니다.

또한 첫 번째 직사각형의 위치를 [translateXYZ 0 -2 0]으로 설정하여 중간지점에서 아래로 -2만큼 내려오게 하여 저음부를 표현하게 하였고 두 번째 직사각형은 [translateXYZ] 객체를 사용하지 않아 정중앙에 위치시킴으로써 중음부를 표현하게 하였습니다.

마지막 직사각형은 위치를 [translateXYZ 0 2 0]으로 설정하여 중간지점에서 위로 2만큼 올라가게 하여 고음부를 표현하도록 하였습니다.

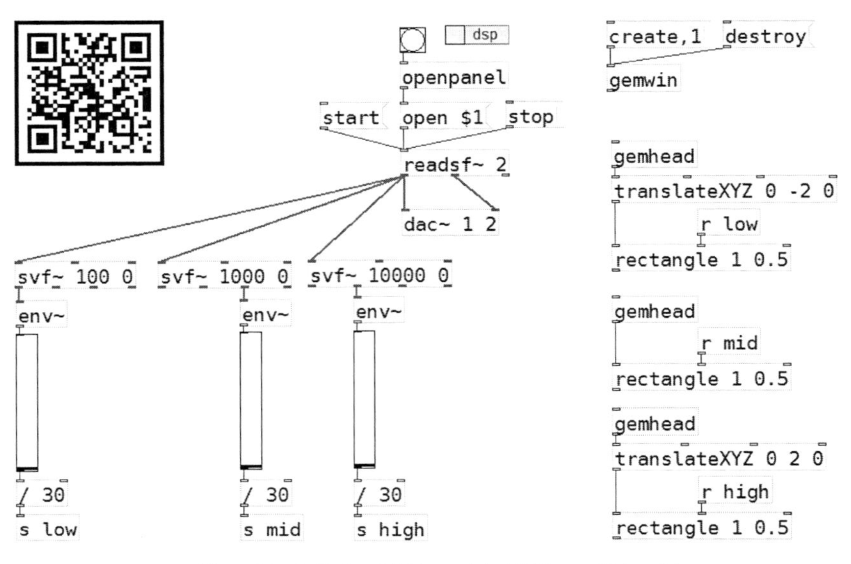

그림 5-30 음색에 따라서 크기가 변하는 3개의 도형

이제 완성된 패치를 실행해볼까요? 카오디오처럼 화려한 형태는 아니지만 그럴싸한 스펙트럼 아날라이저가 만들어졌네요.

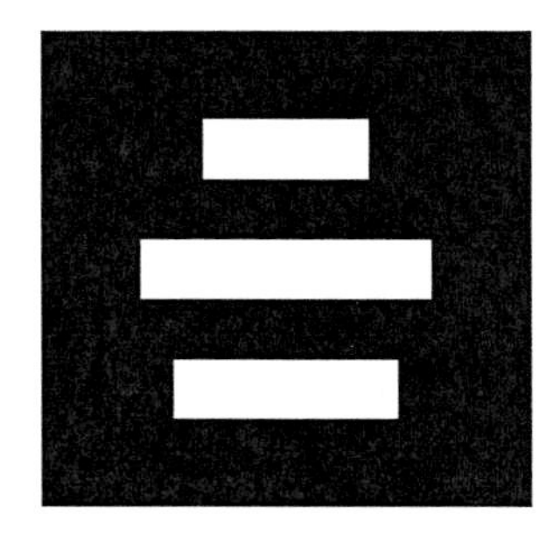

그림 5-31 패치의 실행 화면

5장에서 우리는 GEM을 이용하여 음량, 음고, 음색을 시각적 요소인 도형의 모양과 크기를 제어하는 방법을 알아보았습니다.

Chapter 06

GEM을 이용한 도형 제어하기 2

Chapter 06 GEM을 이용한 도형 제어하기 2

5장에 이어 6장에서는 GEM을 이용하여 음량, 음고, 음색에 따라 도형의 위치와 색을 변화시키는 패치를 만들어보겠습니다.

6.1 도형의 위치 : 소리에 따라 도형의 위치 바꾸기

:: 음량에 따라 위치가 움직이는 도형

첫 번째로, 음량에 따라 도형의 위치가 움직이도록 하는 패치를 만들어보도록 하겠습니다.

도형의 위치를 움직이는 객체로 GEM의 [translateXYZ]라는 객체를 사용할 것입니다.

그럼 [translateXYZ] 객체에 대해서 알아보도록 하겠습니다. 이를 위해서 다음과 같은 패치를 만들어봅시다.

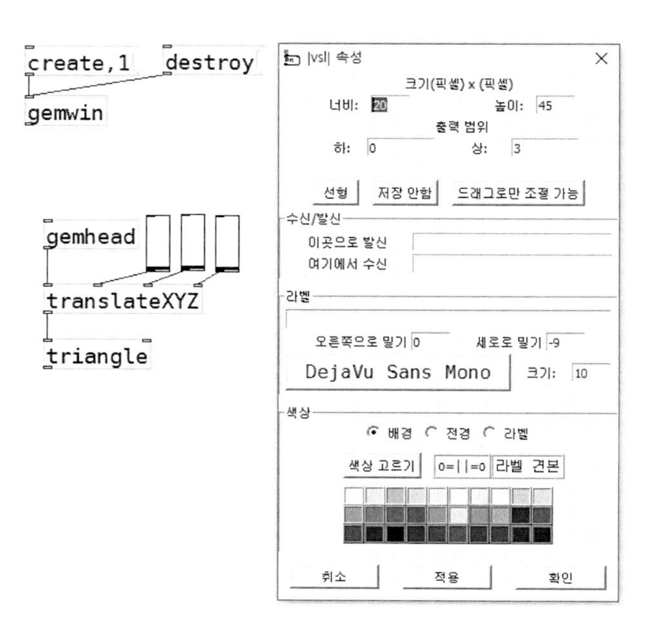

그림 6-1 [translateXYZ] 객체 실험용 패치

[vslider] 객체의 속성은 그림 6-1과 같이 수정하여 슬라이더를 제일 위로 올렸을 때의 값이 3이 되게끔 수정합니다.

[translateXYZ] 객체의 두 번째, 세 번째, 네 번째 입력단자(Inlet)는 각각 X축 방향 이동(좌우 이동), Y축 방향 이동(상하 이동), Z축 방향 이동(앞뒤 이동) 하는 정도를 조정하는 데 사용됩니다.

모든 값이 0일 때가 정중앙에 위치하며 X 값이 증가하면 오른쪽으로, 감소하면 왼쪽으로 움직입니다. 3 정도의 값일 때 오른쪽 끝, −3 정도일 때 왼쪽 끝까지 움직입니다.

마찬가지로 Y 값이 증가하면 위쪽으로, 감소하면 아래쪽으로 움직입니다. 3 정도의 값일 때 화면 제일 위, −3 정도일 때 바닥까지 움직입니다.

Z 값의 경우는 Z 값이 증가하면 앞으로 당겨지고, 감소하면 뒤로 밀어내게 됩니다. Z 값이 커지면 앞으로 계속 다가오듯이 도형이 커지다가 3이 되면 갑자기 도형이

사라지게 되는데요. 이것은 도형이 그 도형을 바라보는 여러분의 시야 뒤로 가버린 것을 의미합니다. 반대로 Z 값이 작아지면 뒤로 계속 멀어지게 됩니다.

이제 실행 모드로 전환하고 [create, 1 (메시지 상자를 클릭하여 GEM 창을 연 다음 [translateXYZ] 객체와 연결된 세 개의 세로 슬라이더를 움직여서 도형의 위치를 움직여봅시다.

[translateXYZ] 객체에 대해서 익숙해졌다면 다음과 같은 패치를 만들도록 합니다.

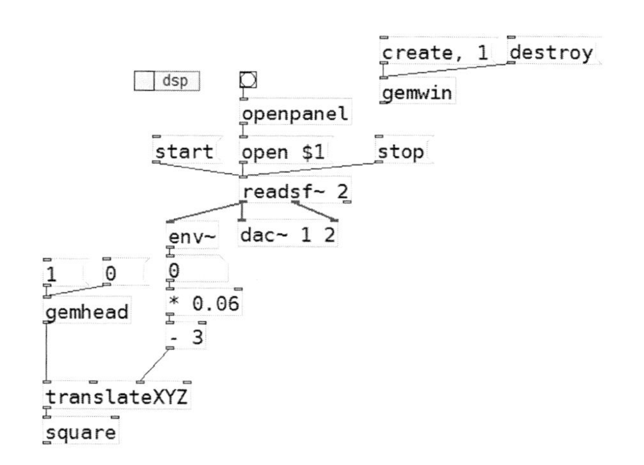

그림 6-2 음량에 따라 위치가 움직이는 도형의 패치

앞선 실험에서 볼 수 있듯이 화면에서 3 정도면 위쪽 끝으로, -3 정도에서 바닥으로 이동하기에 [env~] 객체에서 만들어진 값에 0.06을 곱해서 0~6 정도의 값으로 변환하고 그 값에 -3을 해서 [env~] 객체에서 만들어진 값을 -3~3까지의 값으로 변환하였습니다.
그리고 그 값으로 [translateXYZ] 객체의 3번째 입력단자에 연결하여 Y 값에 변화를 줘서 사각형이 위아래로 움직이게 됩니다.

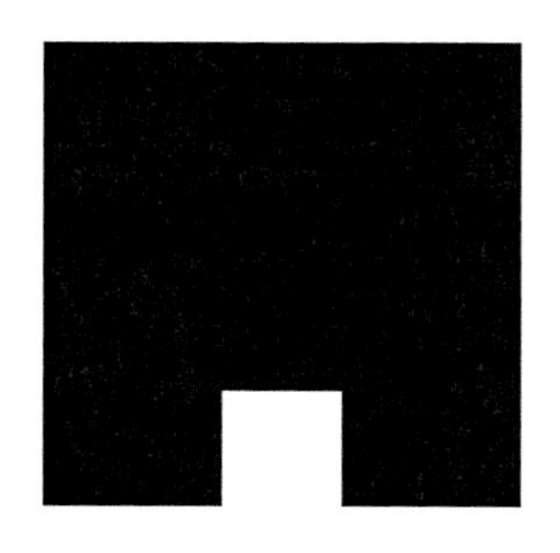

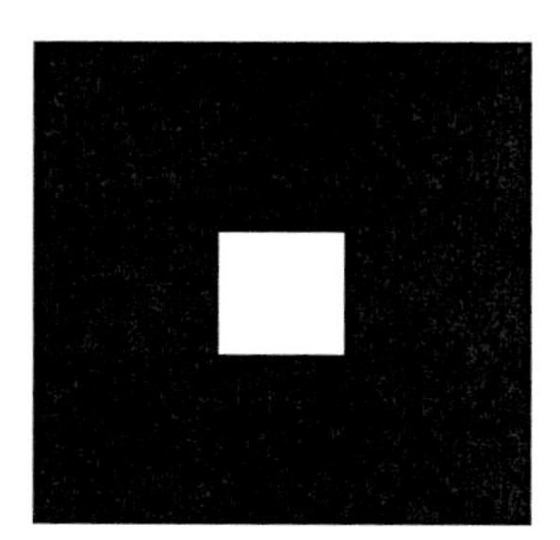

그림 6-3 패치의 실행 화면

이렇게 GEM 라이브러리를 활용하여 음량에 의해 도형의 위치를 변화시키는 방법에 대하여 알아보았습니다.

:: 음고에 따라 위치가 움직이는 도형(음높이에 따라 도는 속도가 달라지는 바람개비)

앞서 음량에 따라 도형의 위치를 위아래나 좌우로 움직이는 방법에 대해서 다루었는데 이번에는 음높이에 따라서 도형을 회전시키는 실험을 해보고자 합니다.
도형을 회전시킬 거라면 이왕이면 바람개비 같은 모양이면 좋겠네요. [polygon] 객체를 이용하여 바람개비의 모양을 만들어보도록 하겠습니다.

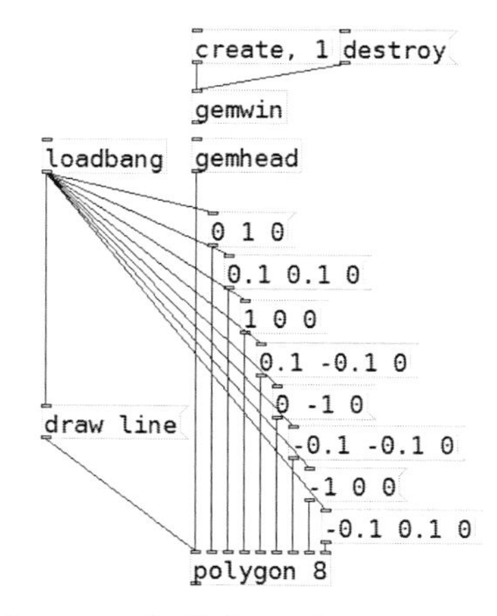

그림 6-4 [polygon] 객체를 이용한 바람개비 모양 만들기

이제 이 정도는 여러분에게 그리 어렵지 않은 패치일 거 같네요.

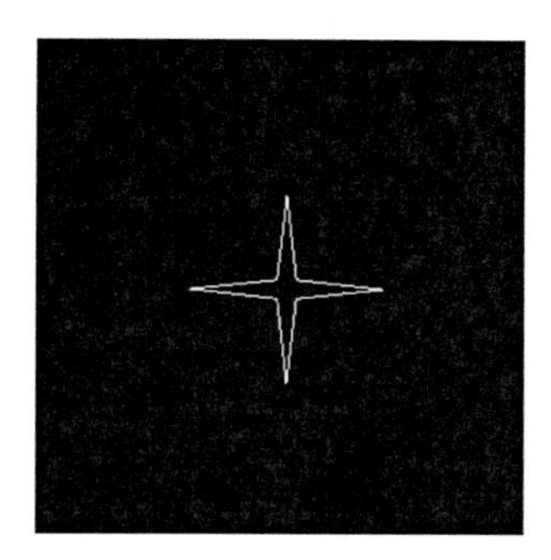

그림 6-5 패치의 실행 화면

도형을 회전시키는 객체는 [rotateXYZ]라는 객체와 [accumrotate] 정도를 사용할 수 있는데요.

[rotateXYZ] 객체는 X축을 중심으로 몇 도를 회전시킬 것인지, Y축을 중심으로 몇 도를 회전시킬 것인지, Z축을 중심으로 몇 도를 회전시킬 것인지를 절댓값으로 설정할 수 있는 객체인 반면 [accumrotate]는 현재의 상태에서 X축, Y축 혹은 Z축으로 몇 도만큼 더 회전시킬 것인지 상대값으로 설정할 수 있는 객체입니다. 다시 말해서 현재의 도형의 회전된 상태와 상관없이 원래의 위치로부터 몇 도를 회전시킬지를 설정하는 것이 [rotateXYZ] 객체입니다.

우리는 소리의 높낮이에 따라서 회전각을 크게 해서 빠르게 돌아가는 것처럼 보여야 하기 때문에 [accumrotate] 객체를 사용하도록 하겠습니다.

패치를 만들어보면 다음과 같습니다.

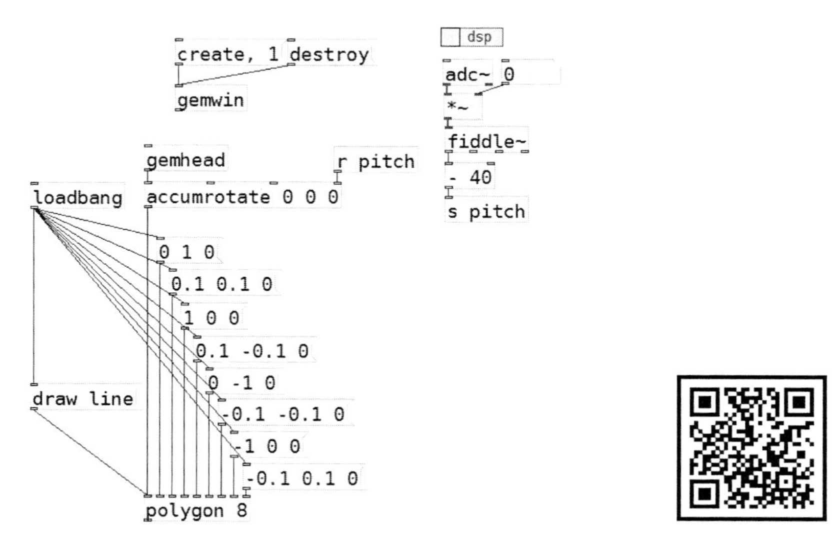

그림 6-6 음높이에 따라서 회전하는 속도가 달라지는 바람개비

[fiddle~] 이후에 40을 빼준 것은 속도를 적절하게 조절하기 위함입니다. 이 값을 움직이면 회전하는 속도를 둔하게 혹은 더 빠르게 조정할 수 있게 됩니다.

이렇게 해서 소리의 높낮이를 이용하여 도형의 위치를 변화시키는 방법에 대하여 알아보았습니다.

:: 음색에 따라 위치가 움직이는 3개의 도형

어린 시절 믹싱 강의 동영상에서 악기의 배치를 여러 개의 원으로 표시하고 믹싱을 통해서 각 악기의 전후 배치를 하면 각 원이 앞뒤로 움직이는 장면을 상당히 인상적으로 봤던 기억이 납니다.
이번에는 악기를 원으로 표시하는 것까지는 아니지만 저음, 중음, 고음을 각각의 원으로 표시하고 저음, 중음, 고음의 성분 크기에 따라서 각각의 원이 앞뒤로 움직이게 하는 패치를 구현해보고자 합니다.

이번 패치는 이전에 했던 그림 5-30 패치와 크게 차이가 나지 않습니다.

다만 앞뒤로 움직이는 정도가 0에서 2 정도면 충분하리라 생각이 되어 [env~]을 통과하여 만들어진 값을 50으로 나누어서 사용하였고요.

[translateXYZ] 객체의 4번째 입력단자로 그 값을 입력하여 Z 값, 즉 앞뒤로 움직이게끔 만들었습니다.

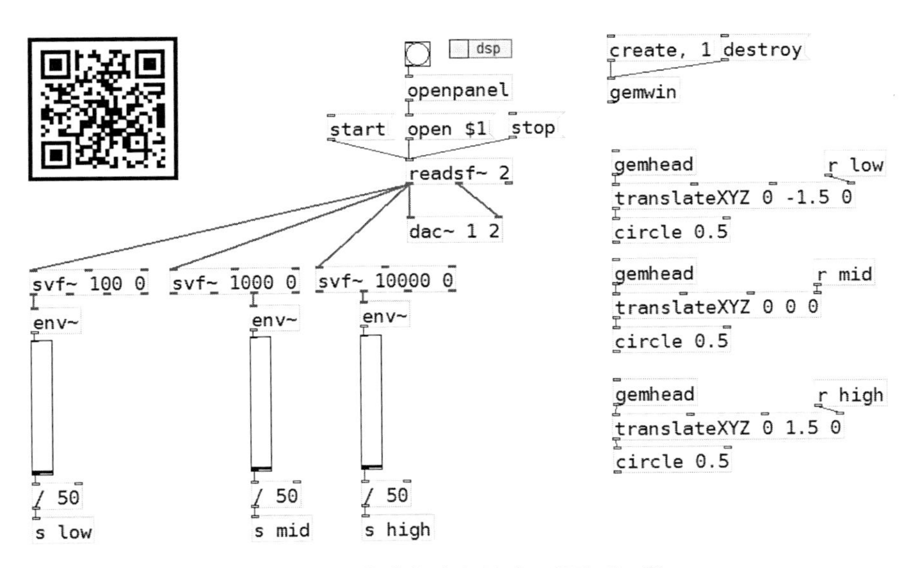

그림 6-7 음색에 따라 앞뒤로 움직이는 원

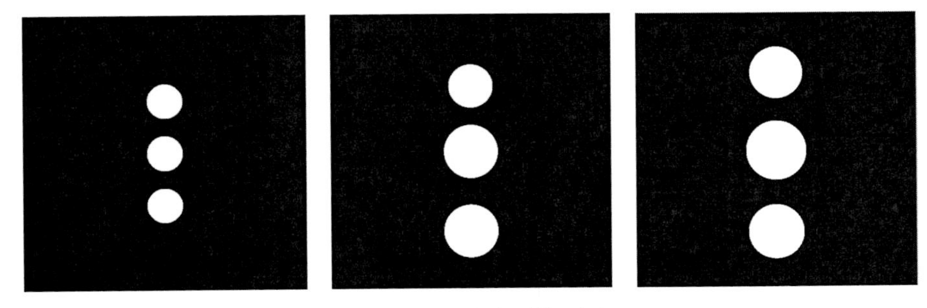

그림 6-8 패치의 실행 화면

하지만 그림 6-7의 패치는 얼핏 보면 그저 원의 크기가 커졌다 작아졌다 하는 것처럼 보이기도 합니다.

아무래도 원이 앞뒤로 움직이는 것처럼 보이려면 원이 아니라 3차원의 구슬 같은 모습이어야 앞뒤로 움직이는 것처럼 보일 것 같습니다. (도형을 입체적으로 표현하는 방법은 추후 7장에서 알아보겠습니다.)

6.2 도형의 색 : 소리에 따라 도형의 색 바꾸기

이번에는 음량, 음고, 음색에 따라 도형의 색을 바꾸는 패치들을 만들어보겠습니다.

:: 음량에 따라 색이 바뀌는 도형

도형의 색을 변화시키는 객체로 GEM의 [colorRGB]라는 객체를 사용할 것입니다. 그럼 [colorRGB] 객체에 대해서 알아보도록 하겠습니다. 이를 위해서 다음과 같은 패치를 만들어봅시다.

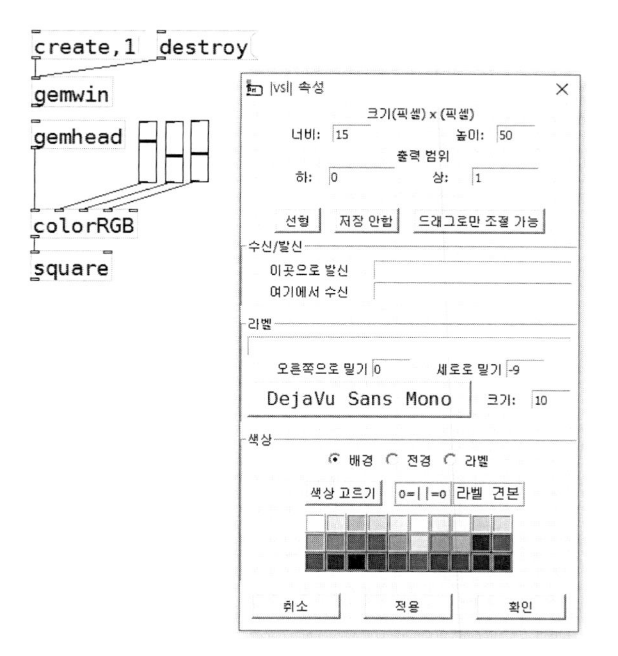

그림 6-9 [colorRGB] 객체 테스트용 패치

[colorRGB] 객체의 두 번째, 세 번째, 네 번째 입력단자(Inlet)는 각각 빨간색(Red), 초록색(Green), 파란색(Blue)의 비율을 조절하는 데 사용이 됩니다. 각각의

값은 0부터 1까지의 값으로 조정을 하게 됩니다. 이를 위해서 각각의 입력단자에 세로슬라이더(vlider) 객체를 연결하고 그 속성을 그림 6-9와 같이 설정해줍니다. 이제 실행 모드로 전환하고 [create, 1 (메시지 상자를 클릭하여 GEM 창을 연 다음 [colorRGB] 객체와 연결된 세 개의 세로 슬라이더를 움직여서 색의 변화를 확인해봅시다.

[colorRGB] 객체에 대해서 익숙해졌다면 이전에 배웠던 패치들을 조합하여 다음과 같은 패치를 만들도록 합니다.

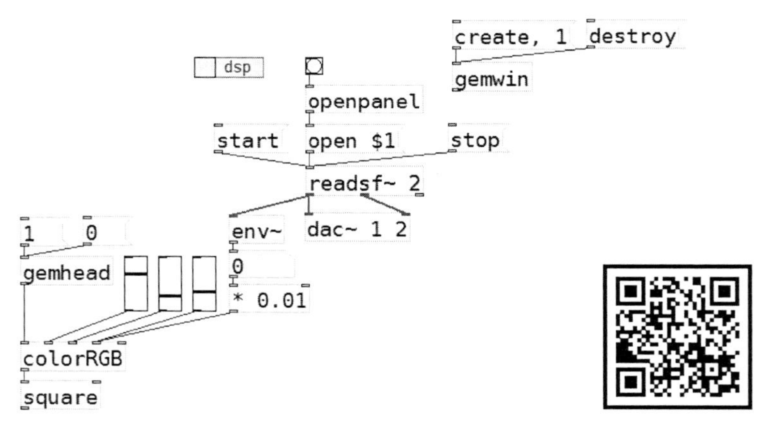

그림 6-10 음량에 따라 색이 바뀌는 도형 패치

[env~] 객체로부터 만들어진 값에 0.01을 곱해서 0부터 0.99까지의 값으로 변환하고 그 값으로 빨간색이나 초록색, 또는 파란색의 강도를 조정하는 데 사용할 수 있습니다. 그림 6-10에서는 네 번째 입력단자에 연결하여 음량의 변화에 따라서 파란색의 강도가 바뀌면서 사각형의 색이 변화됩니다.
지면에서는 흑백의 이미지로 표시되어 있으나 QR 코드와 연결된 동영상을 통하여 색의 미세한 변화를 확인해보시기 바랍니다.

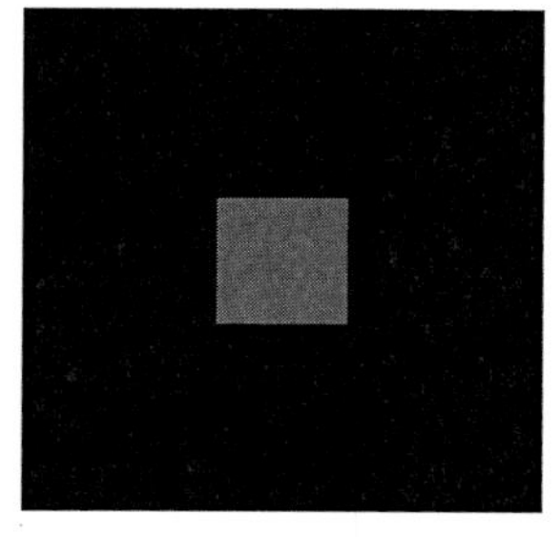
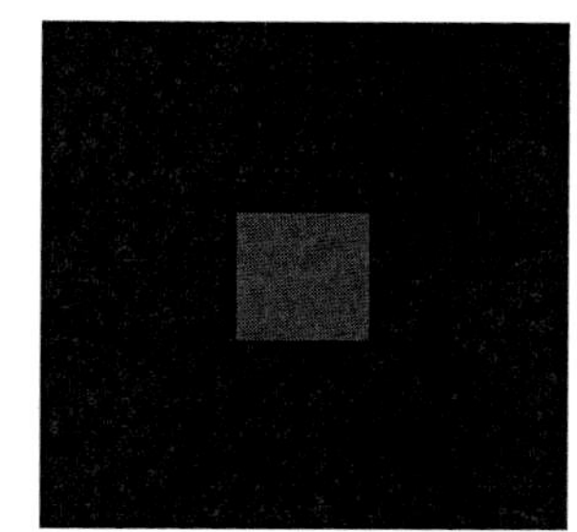

그림 6-11 패치의 실행 화면

:: 음고에 따라 색이 바뀌는 도형

TV에서 주변의 온도를 측정할 때, 열화상 카메라라는 것을 본 기억이 있으실 겁니다. 열화상 카메라는 온도에 따라 각기 다른 색으로 표현을 하여 눈으로 그 온도를 확인할 수 있도록 만든 카메라입니다. 그렇다면 소리의 높낮이에 따라서 소리가 높을수록 빨간색을, 소리가 낮을수록 파란색을 띄게 만들어보면 어떨까요?
그럼 먼저 다음의 패치를 살펴보도록 하겠습니다.

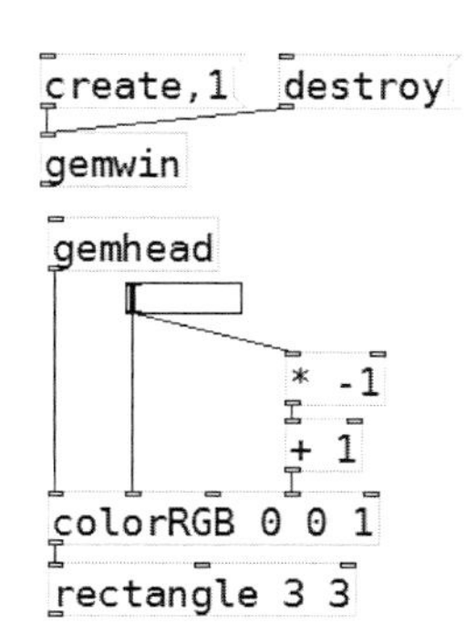

그림 6-12 파란색에서 빨간색으로 변화하는 패치

앞서 사용했던 [rectangle] 객체를 이용하여 너비 3 높이 3인 정사각형을 만들었고요. 직전에 사용한 [colorRGB]라는 객체를 사용했습니다. 그리고 [colorRGB 0

0 1]과 같이 0 0 1이라는 아규먼트를 적용하였는데요. 각각의 값은 빨간색(Red), 초록색(Green), 파란색(Blue)에 대한 초깃값을 의미합니다. 빨간색 성분이 0이고 초록색 성분도 0이고 파란색 성분만 1이니까 초기의 색은 파란색이 될 것입니다. 그리고 가로 슬라이더를 이용하여 빨간색 성분이 0부터 1로 변화되게끔 하였고(가로 슬라이더의 속성에서 최솟값을 0, 최댓값을 1로 설정하였습니다.), 그 값에 -1을 곱하여 1을 더한 후 그 값이 파란색(Blue)을 조정하게끔 하였는데요.

그 이유는 이 패치에서 빨간색 값은 슬라이더를 움직임에 따라 0부터 1로 변화되어야 하는데 반해서 파란색 값은 슬라이더의 움직임에 따라 1부터 0으로 변화가 되어야 하거든요. 그래서 빨간색 Inlet에는 슬라이더를 바로 연결하고, 파란색 Inlet으로 연결을 할 때는 -1을 곱하고 +1을 더한 겁니다.
이렇게 하면 -1을 곱했을 때 슬라이더의 값은 0부터 -1로 변화가 되고, 여기에 1을 더해주면 1부터 0으로 변화가 되게 된답니다.

따라서 슬라이더를 오른쪽 끝으로 움직이면 빨간색이 되고, 왼쪽 끝으로 움직이게 되면 파란색이 만들어지게 됩니다.

그럼 [create, 1 (를 클릭하여 GEM 창을 열고 슬라이더를 움직여봅시다.

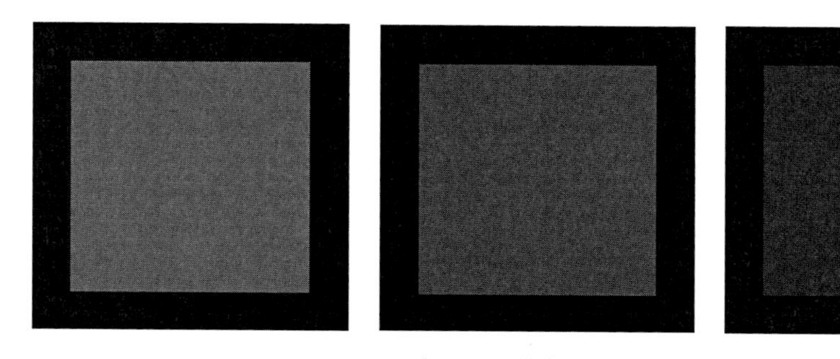

그림 6-13 패치의 실행 화면

예상처럼 움직이나요?
예상처럼 움직였다면 앞서 했던 것과 마찬가지로 소리의 높낮이에 따라 색이 변하게끔 패치를 수정해보겠습니다.

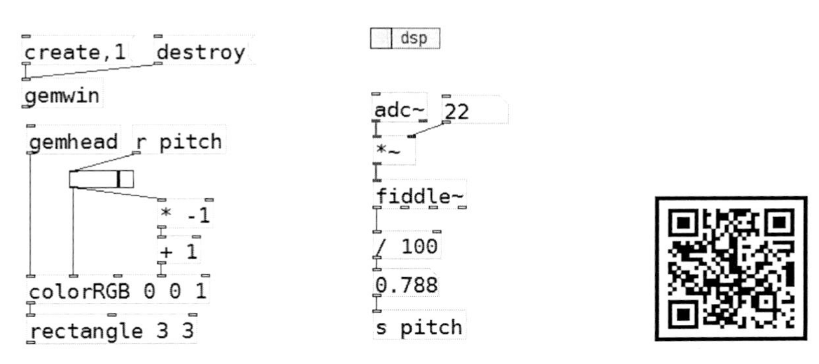

그림 6-14 소리의 높낮이에 따라서 색이 변화하는 사각형

이번에는 [fiddle~]에서 만들어진 음높이에 대한 정보를 100으로 나누었는데요. [colorRGB] 객체에서는 1을 넘는 값이 의미가 없기 때문에 큰 값으로 나누어서 [colorRGB]로 전달되는 값을 1보다 작게 맞추기 위해서입니다.

:: 음색에 따라 색이 바뀌는 도형(체열 측정기 흉내 내기)

체열 측정기는 몸의 온도에 따라서 각기 다른 색으로 표시를 해주는 기기입니다. 이 기기는 상당히 흥미로운 기기인데요. 만약 우리가 음악을 들을 때, 온도가 아니라 소리의 밝기에 따라서 색이 바뀌는 도형이 있다면 어떨까요?
예를 들어서 묵직한 저음이 강조되는 부분에서는 색도 빨간색이 강해지고 중음이 강조가 된다면 초록색이 두드러지고 고음이 강조되는 부분에서는 파란색이 강조가 되는 것처럼 말이죠.
이것은 그동안 우리가 다루었던 명령들을 적절하게 조합하면 그리 어렵지 않게 구현할 수가 있습니다.

그림 6-15가 완성된 패치인데요.

앞서 이미 공부했던 [colorRGB] 객체의 빨간색(R), 초록색(G), 파란색(B)의 값을 각각 필터를 통과시킨 저음, 중음, 고음의 크기에 따라 조절하게끔 만든 패치입니다. 단, [env~]을 통과한 값이 0부터 100까지의 값을 갖고 [colorRGB]의 R, G, B 값은 0부터 1까지의 값으로 제어하게끔 되어 있기에 [env~]을 통해서 만들어진 값을 100으로 나누어서 그 값으로 각각 R, G, B 값을 제어하게끔 구성하였습니다.

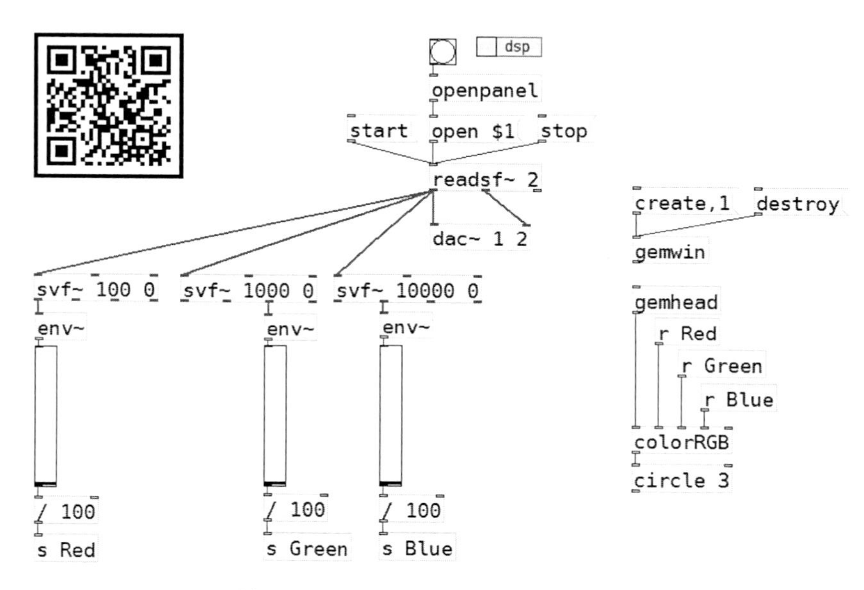

그림 6-15 소리의 밝기에 따라 색이 변하는 원

이제 그림 6-15의 패치를 실행해보면, 재생되는 소리의 밝기에 따라서 크기가 3인 원의 색이 변화하는 것을 확인할 수 있습니다.

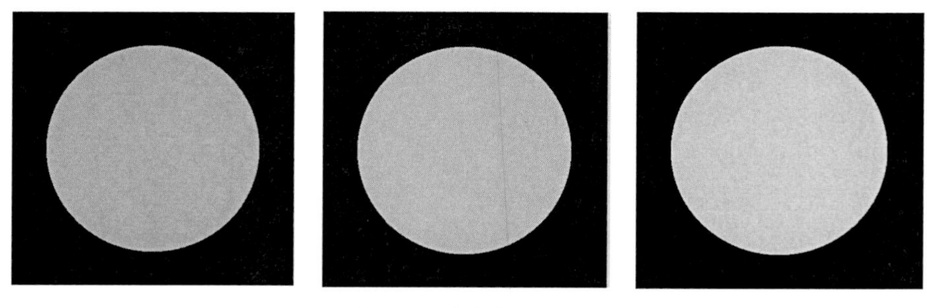

그림 6-16 패치의 실행 화면

이렇게 해서 지금까지 소리의 3요소를 이용하여 시각적 요소인 도형의 위치와 색을 제어해보았습니다.

6.3 반복되는 패턴의 도형

5장, 6장에 걸쳐 한 개의 도형을 가지고 소리의 요소들로 제어하는 방법들을 알아보았다면, 이번에는 수십 개의 도형을 반복적으로 만들어 패턴, 즉 다양한 패턴이 만들어지는 도형을 음량, 음고, 음색의 요소로 제어해보고자 합니다.

:: 클래식한 기법의 반복되는 패턴 구현하는 방법

다음의 그림 6-17 패치 설명을 간단하게 하자면, 우선 제일 위의 [dimen 900 600, create, 1 (메시지 상자에 새로 등장한 dimen 900 600은 GEM 윈도우의 크기를 조절하는 명령입니다. [50 (→ [until]은 50번 반복하라는 명령입니다.
[gemlist]는 위에서 반복한 만큼의 그림을 복사하라는 것입니다. 다시 말해서 지금까지는 하나의 원만 만들거나 또는 여러 개의 [gemhead]를 만듦으로써 여러 개의 도형을 만든 반면 여기서는 하나의 [gemhead]를 가지고 50개의 원을 만들어내는 것입니다.
그리고 [gemlist]를 통해서 복사된 각각의 원에 대해서 그 아래에 [translateXYZ]의 X, Y 좌표를 Sin 값과 Cos 값으로 조정해서 직선 패턴이 아니라 곡선으로 변화되는 원의 경로를 만듭니다.
[gemlist]부터 [translateXYZ]로 연결되기까지의 객체상자들은 사실 수학적 개념을 가지고 있는 거라서 여기서 우리는 사용된 객체에 대한 설명만 이해하도록 하겠습니다.
(참고로, [cup]은 count-up 명령으로, [cup]에 뱅이 들어올 때마다 카운트가 하나씩 올라갑니다. 그리고 [% 10]은 10으로 나눈 나머지 값을 만들어주죠. 그러면 [cup]와 [% 10]을 통과하면 0부터 9까지의 값이 반복해서 나오게 되죠. 그 값을 [/ 10]을 통과시키면서 0부터 0.9까지의 값으로 변하게 됩니다.
또한 [* 6.28318]을 한 이유는 Pd에서는 sin과 cos의 값을 각도로 사용하지 않고 호도법이라는 것을 사용을 하는데요. 쉽게 말해서 180도는 pi, 360도는 2pi, 이렇게 되는 것이죠. 그래서 2*pi(3.14159) = 6.28318을 곱해서 sin과 cos의 각도를 조정해준 거랍니다. 이 개념을 이해하는 것은 쉽지는 않을 거예요.)

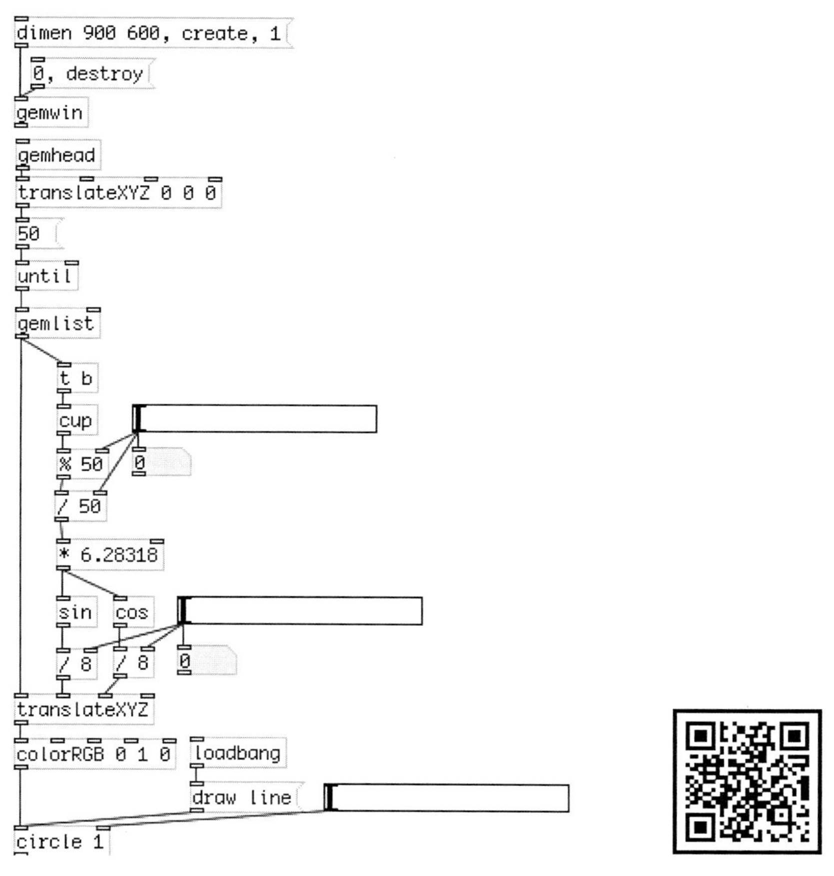

그림 6-17 클래식한 기법의 반복 패턴 패치

그림 6-17 패치를 만들고, [dimen 900 600, create, 1 (을 클릭한 다음에 3개의 슬라이더를 이리저리 움직여보면 굉장히 다양한 패턴이 만들어지는 것을 확인할 수 있을 거예요.

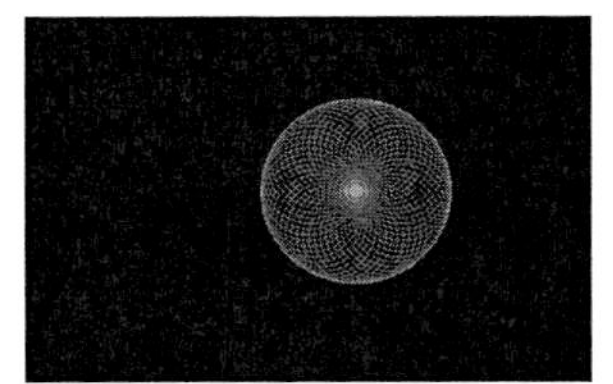 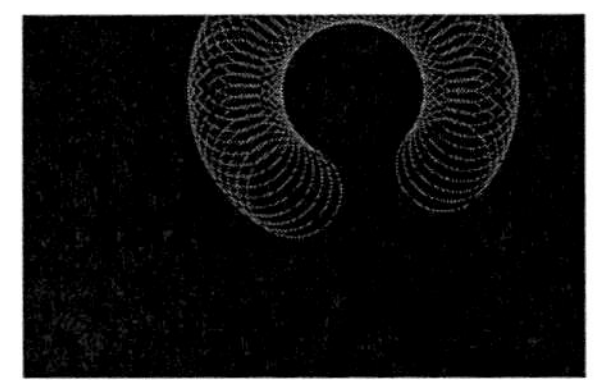 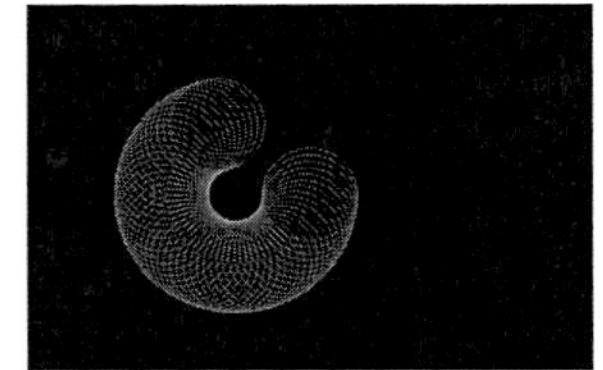

그림 6-18 패치의 실행 화면

이미 눈치챘겠지만 3개의 슬라이더 부분에 소리의 요소를 연결하여 사용하면 소리에 따라서 패턴에 변화가 생기겠죠?

:: 소리의 3요소에 의해 다양한 패턴으로 변화하는 도형

기본적으로 그림 6-17 패치를 만들고 지금까지 배웠던 것들을 응용하여 음량, 음고, 음색을 3개의 슬라이더에 각각 연결한 패치입니다.
이제 음량에 대한 외곽선 정보를 뽑아내는 [env~] 객체, 오디오 신호로부터 음의 높낮이에 대한 정보를 뽑아내는 [fiddle~] 객체, 특정한 저음, 중음, 고음에 대한 정보를 뽑아낼 수 있는 필터인 [svf~] 객체는 모두 익숙해졌으리라 생각됩니다.
그림 6-19 패치에서는 저음에 대한 성분만 뽑아내서 3번째 슬라이더에 연결하기 위해 로우 패스 필터를 사용하고 Fc는 100Hz, 레조넌스는 사용하지 않았습니다.
첫 번째 슬라이더에는 음고를 연결하기 위해 [fiddle~] 객체 값을 [s pitch]에서 [r pitch]로 보내주었고, 두 번째 슬라이더에는 음량을 연결하기 위해 [env~] 객체를 통해 만들어진 값을 [s volume]에서 [r volume]으로 보내주었습니다.
마지막 세 번째 슬라이더에는 음색 요소를 연결하기 위해 [svf~] 객체를 사용하여 만들어진 값을 [s timbre]에서 [r timbre]로 보냈답니다.
또한 그림 6-17 패치에서는 [colorRGB] 값을 0 1 0으로 설정하여 초록색의 반복 패턴 도형을 만들었다면, 이번에는 아규먼트를 1 1 0으로 설정하여 노란색이 되도록 하였습니다.

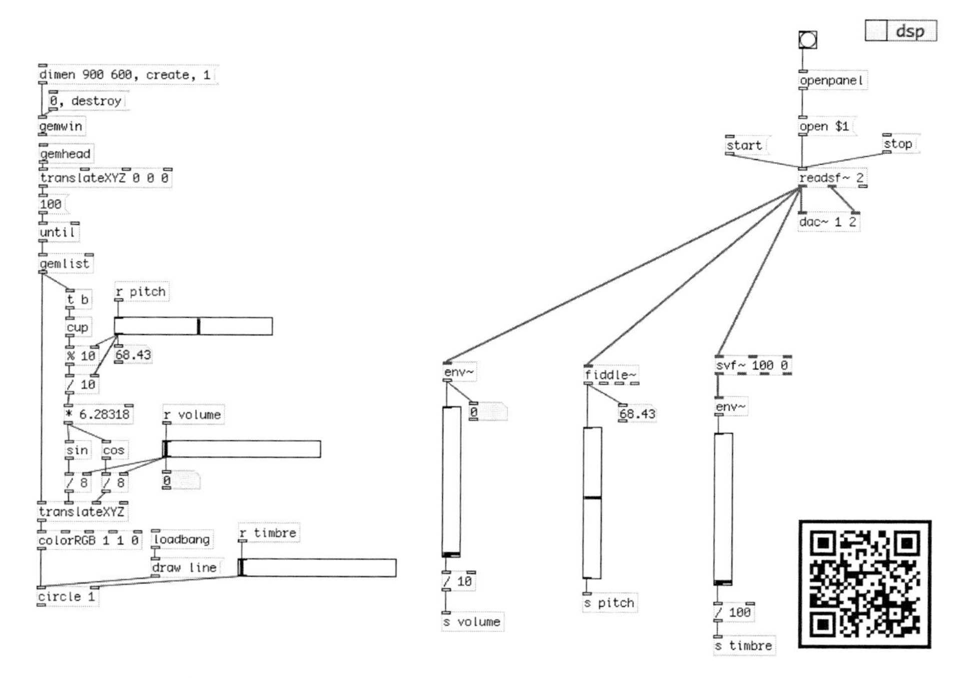

그림 6-19 소리의 3요소에 의해 다양한 패턴으로 변화하는 도형 패치

이제 완성된 패치에서 [openpanel]을 이용해 원하는 노래를 불러오면, 노란색의 반복 패턴 도형이 다양하게 변화하는 모습을 확인할 수 있습니다.

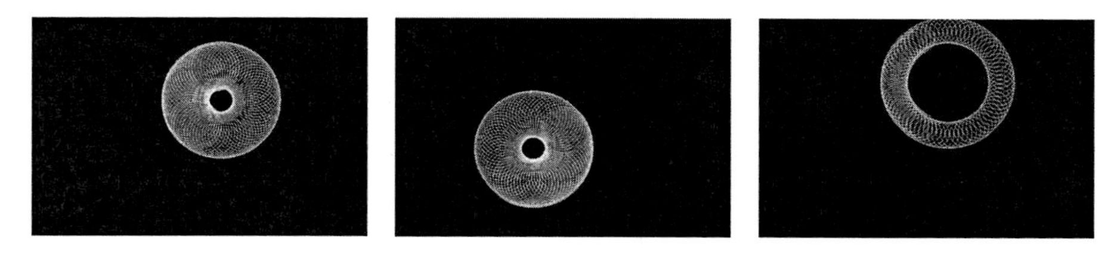

그림 6-20 패치의 실행 화면

:: 소리의 3요소에 의해 색, 크기, 위치가 다양하게 변하는 반복 패턴 도형

이번에는 방금 만든 패치에서 조금 더 수정하여 반복 패턴 도형의 크기와 위치만 변하게 하는 것이 아니라 음색에 의해서 도형의 색도 다양하게 변하도록 만들어볼까 합니다.

그림 6-19 패치와 크게 다르지 않습니다. 다만 그림 6-19는 기존 그림 6-17 패치의 3개의 슬라이더에 각각 소리 요소를 연결한 것이라면, 그림 6-21 패치는 두 개의 슬라이더에 음량과 음고를 연결하였고, [circle 1] 오른쪽 Inlet에 연결되어 있던 세 번째 슬라이더가 아닌 [colorRGB]에 음색에 대한 값을 receive로 받아 연결하였다는 차이가 있답니다.
다시 말하면, 이전과 마찬가지로 첫 번째 슬라이더에는 음고를 연결하기 위해 [fiddle~] 객체 값을 [s pitch]에서 [r pitch]로 보내주었고, 두 번째 슬라이더에는 음량을 연결하기 위해 [env~] 객체를 통해 만들어진 값을 [s volume]에서 [r volume]으로 보내주었습니다. 마지막으로 음색 요소를 통해 반복 패턴 도형의 색을 다양하게 제어하기 위해 3개의 [svf~] 객체를 사용하였죠. 필터를 통해 뽑아낸 저음 성분 (100Hz)은 [s Red]에서 [r Red]로 보내었고, 중음 성분 (5000Hz)은 [s Green]에서 [r Green]으로, 고음 성분 (10000Hz)은 [s Blue]에서 [r Blue]로 보내주었습니다.
이렇게 하면, 다양한 패턴으로 크기와 위치가 변화하는 동시에 도형이 불러온 음악의 저음, 중음, 고음 성분에 따라 색상도 같이 다양하게 변화하는 것을 볼 수 있답니다.

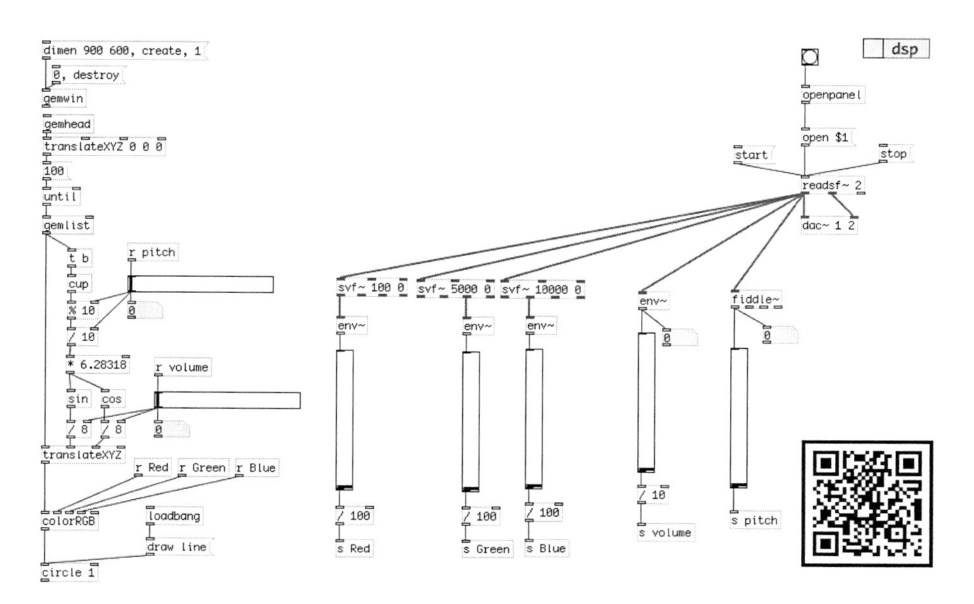

그림 6-21 소리의 3요소에 의해 색, 크기, 위치가 다양하게 변하는 반복 패턴 도형 패치

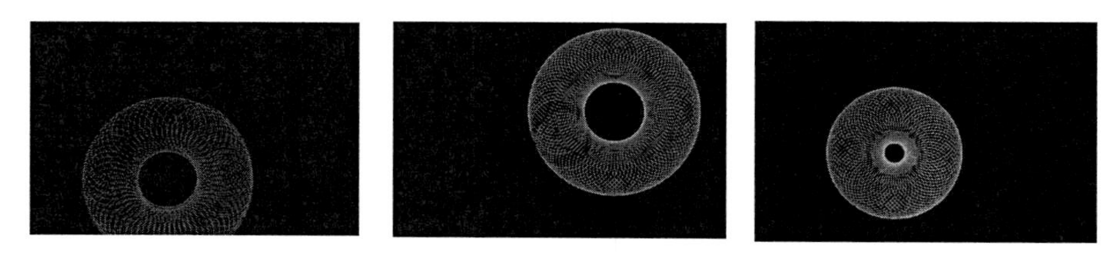

그림 6-22 패치의 실행 화면

음악과 함께 다양하게 움직이고 변화하는 패턴이 어디서 많이 본 느낌이지 않나요? 마이크로소프트사의 윈도우에 내장된 음악 동영상 플레이어인 윈도우 미디어 플레이어(Window Media Player)에서 음악을 재생할 때 나오는 시각화(Visualization) 화면과 흡사하다는 생각이 드네요.

이렇듯 우리 주변에는 우리가 특별하게 인지하지 못했지만 소리를 시각화한 사례가 종종 있는 것 같습니다.

지금까지 5～6장에 걸쳐 GEM을 이용하여 평면도형을 음량, 음고, 음색으로 제어하는 방법을 살펴보았습니다.

Chapter 07
입체도형

Chapter 07 입체도형

지금까지 우리는 시각화 재료인 조형 요소에서 면으로 이루어진 2차원의 평면도형들을 다루었습니다. 이번 장에서는 여러 면이 모여 이루어진 3차원의 입체도형을 시각화 재료로 사용할 것입니다.

7.1 입체적으로 앞뒤로 움직이는 구(조명 이용하기)

6장에서 음색에 따라 앞뒤로 움직이는 원을 구현하기 위한 그림 6-7 패치는 원이 앞뒤로 움직이기보다 그저 크기가 커졌다 작아졌다 하는 것처럼 보였던 것을 기억하시나요?
그럼 그림 6-7 패치를 수정하여 3차원의 구슬과 같은 모습으로 만들어 앞뒤로 움직이는 것처럼 보이도록 입체적으로 만들어보겠습니다.

우선 그림 6-7 패치에서 [circle 0.5]라고 되어 있는 객체를 모두 [sphere 0.3 20]으로 수정합니다.
[sphere] 객체는 구를 만드는 객체이고 두 번째 아규먼트는 구의 크기를 지정합니다. 여기서는 0.3이라는 크기로 설정을 하였습니다. 이 값은 두 번째 입력단자를 통해서도 설정을 바꿀 수 있습니다. 세 번째 아규먼트는 구를 얼마만큼 부드럽게 만들 것인지를 지정합니다. 이 값이 크면 클수록 구는 부드러워지지만 연산량은 많아지게 됩니다. 여기에서는 20이라는 값으로 설정을 하였습니다. 이 값은 세 번째 입력단자

를 통해서도 설정을 바꿀 수 있습니다.
그런데 이렇게 바꿔도 입체로 보이지는 않네요. 왜일까요? 입체적으로 보이려면 조명이 있어야 합니다. 조명이 있어야 구의 밝은 부분과 어두운 부분이 구분되면서 입체적으로 보이게 되는 것이죠.
그래서 조명을 만들기 위하여 [world_light]라고 하는 조명을 만들어주는 객체를 만들고 조명의 위치를 움직이기 위하여 [rotateXYZ] 객체를 연결하였습니다.
[world_light] 객체는 첫 번째 입력단자에 메시지 상자를 통하여 [debug 1 (이라는 명령을 입력받으면 조명이 GEM 윈도우상에 표시가 되며 [debug 0 (이라는 명령을 입력받으면 조명이 GEM 윈도우상에서 사라지게 됩니다. 이를 위해서 [debug $1 (이라는 메시지 상자와 토글(Toggle) 객체를 연결하여 토글 스위치를 이용하여 GEM 윈도우상에서 조명의 위치가 표시되었다가 사라졌다 할 수 있도록 하였습니다.
[world_light]의 두 번째 입력단자는 메시지 상자를 이용하여 조명의 색을 설정할 수 있습니다. 조명의 색은 [colorRGB] 객체와 마찬가지로 RGB의 값을 0부터 1까지의 값으로 설정하면 됩니다. 이번 예제에서는 1 1 1로 설정을 하여 하얀색 조명을 사용하였습니다.
그리고 마지막으로 GEM 윈도우에 조명을 켜겠다는 명령을 내리기 위해서 [lighting 1 (이라는 메시지를 [gemwin] 객체에 연결을 하였습니다. 이제 [lighting 1 (이라는 메시지 상자를 클릭하면 조명이 켜지면서 입체 모양의 구가 나타나고 음악이 재생되면 저음, 중음, 고음의 크기에 따라서 구가 앞뒤로 움직이는 것을 확인할 수 있을 것입니다.
만약 조명의 위치를 움직이고 싶다면 [debug $1 (과 연결된 토글 스위치를 켜고 [rotateXYZ]와 연결된 숫자상자의 값을 변화시켜서 조명의 위치를 변화시키면 됩니다.
그리고 이번 패치에서는 오디오 신호 처리 버튼인 [pddp/dsp]가 아닌 토글과 함께 [; pd dsp $1 (이라는 메시지 상자를 사용하였습니다. [pddp/dsp] 외에도 dsp를 켜고 끌 수 있는 다양한 방법이 있는데 그중 하나의 방법을 더 소개하기 위해서 사용하였으며 두 가지 방법 모두 똑같이 동작합니다.

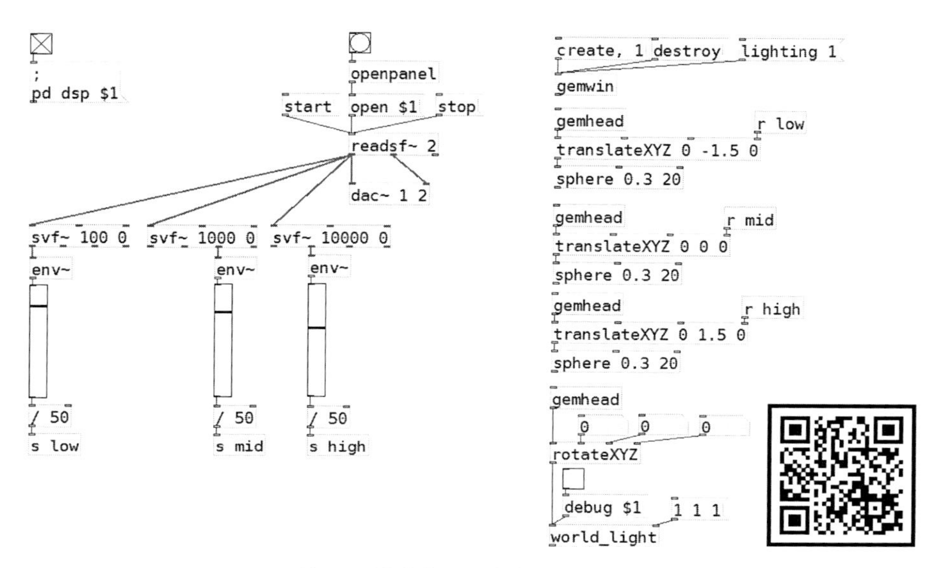

그림 7-1 입체적으로 앞뒤로 움직이는 구

그림 6-7 패치와 그림 7-1 패치를 비교해보면 앞뒤로 움직이는 게 훨씬 자연스러워졌죠?

입체도형으로 표현하려면 이렇듯 조명이 중요한 역할을 합니다.

그럼 우리가 [sphere]이라는 객체를 사용하여 구 형태의 입체도형을 만든 것처럼 다른 모양의 입체도형은 어떤 것들이 있을까요?

7.2 입체도형의 종류

Pd에는 입체도형을 구현할 수 있는 다양한 객체들이 있습니다.
몇 가지 입체도형을 만들어보도록 하겠습니다.

:: 입체도형 객체 종류

1. 큐브(Cube) 만들기

다음과 같이 패치를 구성해보도록 하겠습니다.

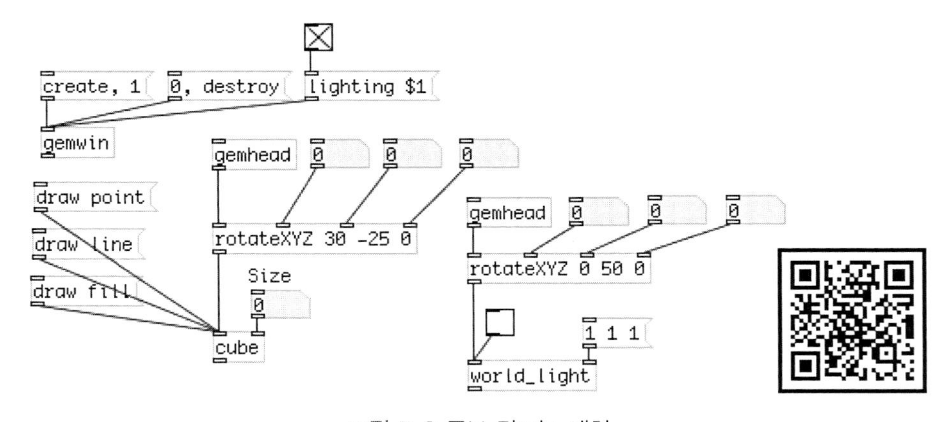

그림 7-2 큐브 만드는 패치

입체도형 큐브는 [cube]라는 객체를 이용하여 만들 수 있고, [cube]의 오른쪽 Inlet은 큐브의 크기를 설정할 수 있습니다. 실행 모드에서 오른쪽 Inlet에 연결한 숫자상자 값을 바꿔보면 큐브의 크기가 변하는 것을 확인할 수 있을 겁니다.
[cube]의 왼쪽 Inlet에 연결된 [rotateXYZ] 객체는 큐브의 회전각을 설정할 수 있답니다. 이 패치에서는 초깃값은 30 −25 0으로 설정해주었지만, X, Y, Z 값(각 2, 3, 4번째 Inlet)에 연결된 숫자상자를 움직여보면 큐브가 X축을 중심으로 정면이 세로방향으로, Y축을 중심으로 정면이 가로방향으로, Z축을 중심으로 옆면이

가로방향으로 각각 회전하게 됩니다.

구를 만들면서 언급했던 것처럼, 입체도형이 입체처럼 보이기 위해서는 조명이 있어야 하죠.

마찬가지로 [world_light] 객체를 이용하여 조명을 만들고, 아규먼트 값을 1 1 1로 설정하여, 하얀색 조명을 사용하였습니다. 또한 [world_light]와 연결된 [rotateXYZ]의 아규먼트는 0 50 0으로 설정하여 조명이 비추는 위치의 초깃값을 설정하였죠.

이제 실행 모드로 바꾸어보겠습니다.

그림 7-3과 같은 입체도형 큐브가 생성되었다면, 메시지 상자를 움직여 조명의 각도도 이리저리 바꿔보세요.

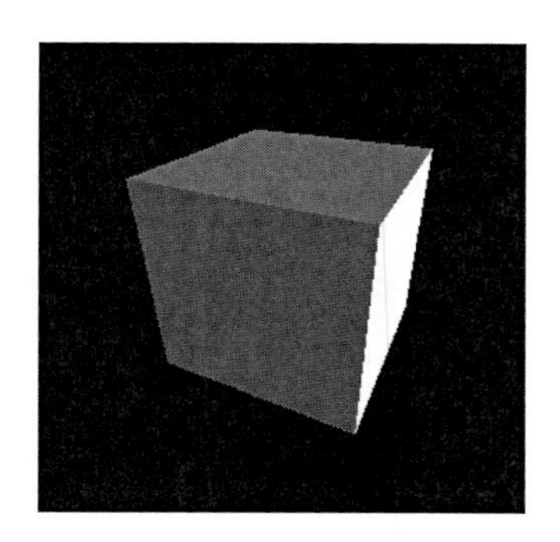

그림 7-3 큐브(Cube)

2. 고깔(Cone) 만들기

다음과 같이 패치를 구성해보도록 하겠습니다.

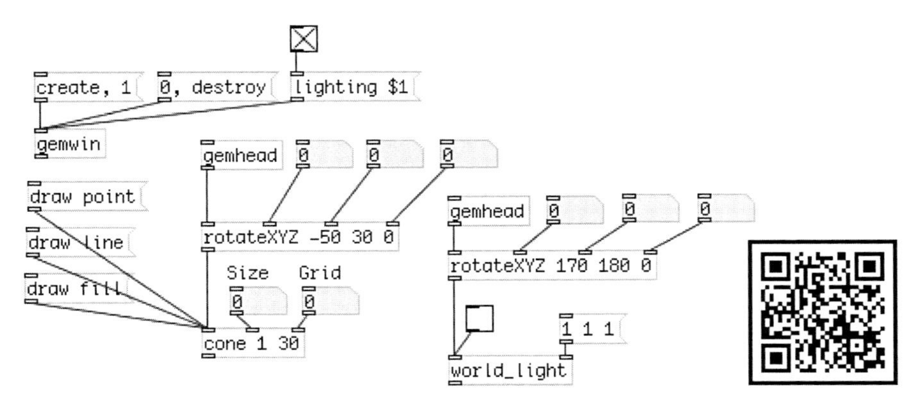

그림 7-4 고깔 만드는 패치

방금 만들었던 큐브와 크게 달라 보이지 않죠?

그림 7-4 패치에서는 입체도형인 고깔을 만들기 위해 [cone]이라는 객체를 사용했습니다. 그리고 큐브와는 다르게 [cone]의 Inlet이 세 개입니다. 두 번째 Inlet은 크기를 설정할 수 있고, 세 번째 Inlet은 그리드(Grid) 값을 설정할 수 있습니다. 그리드는 원래 격자무늬라는 단어이지만 Pd에서의 그리드는 입체도형을 얼마나 부드럽게 표현할 것인지를 설정할 수 있습니다. 다르게 말하면, 고깔 모양을 몇 개의 면을 이용해 형성할지를 정하는 값으로 낮을수록 고깔에 각이 지고, 값이 높을수록 부드러운 형태의 고깔이 완성된답니다.

[world_light]와 연결된 [rotateXYZ]의 아규먼트는 170 180 0으로 초깃값을 설정하였습니다.

다시 실행 모드로 전환해볼까요?

[create, 1 (을 눌러 창을 열고, 조명과 연결된 토글들을 on 상태로 바꿔보세요. 그림 7-5처럼 고깔이 완성되었나요?

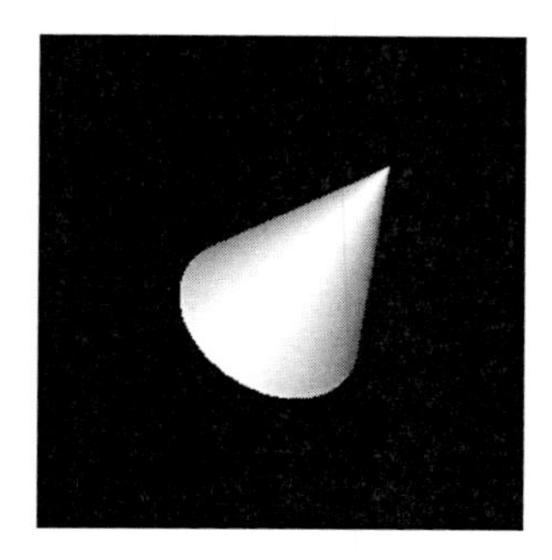

그림 7-5 고깔(Cone)

3. 실린더(Cyliner) 만들기

세 번째로 만들 입체도형은 실린더입니다. 실린더는 원통 모양을 말하죠. 다음과 같이 패치를 구성해보도록 하겠습니다.

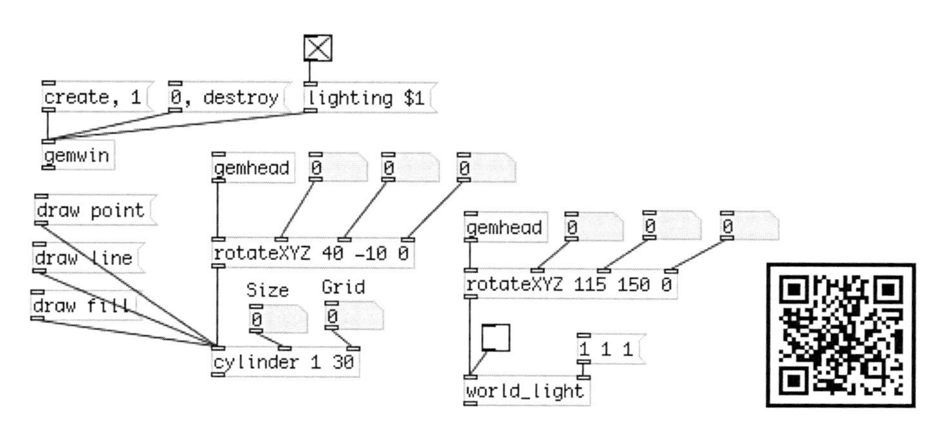

그림 7-6 실린더 만드는 패치

사용된 객체를 살펴보면, 원통의 입체도형을 위해서는 [cylinder] 객체를 사용했습니다. 앞서 사용했던 [cone] 객체와 동일하게 [cylinder]도 세 개의 Inlet을 가지고 있고요. 두 번째 Inlet은 크기, 세 번째 Inlet은 그리드 값을 설정할 수 있는 것도 갈답니다.
조명의 위치 초깃값을 115 150 0으로 했다는 차이만 있습니다.

이제 입체도형 만드는 패치도 어렵지 않은 것 같죠?
실행 모드로 전환하며 창을 열면, 그림 7-7과 같은 실린더 형태의 입체도형이 생성될 거랍니다.

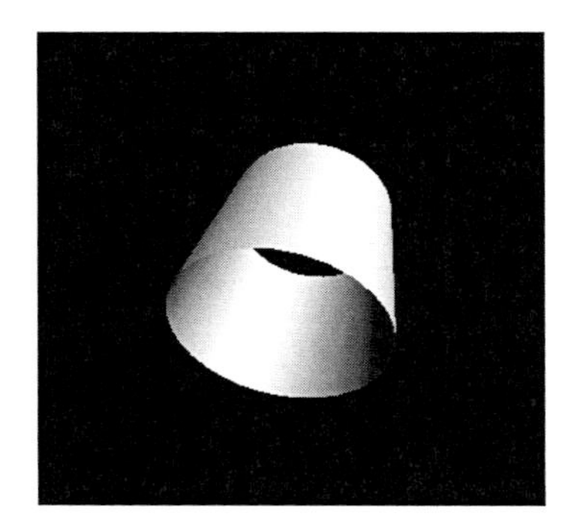

그림 7-7 실린더(Cylinder)

그럼 마찬가지로 실린더의 크기, 그리드 값, 도형의 회전 방향, 조명의 위치와 함께 연결된 숫자상자들을 위아래로 움직이며 값을 바꿔보세요.

4. 도넛(Torus) 만들기

네 번째로 만들 입체도형은 도넛입니다.
다음과 같이 패치를 구성해보도록 하겠습니다.

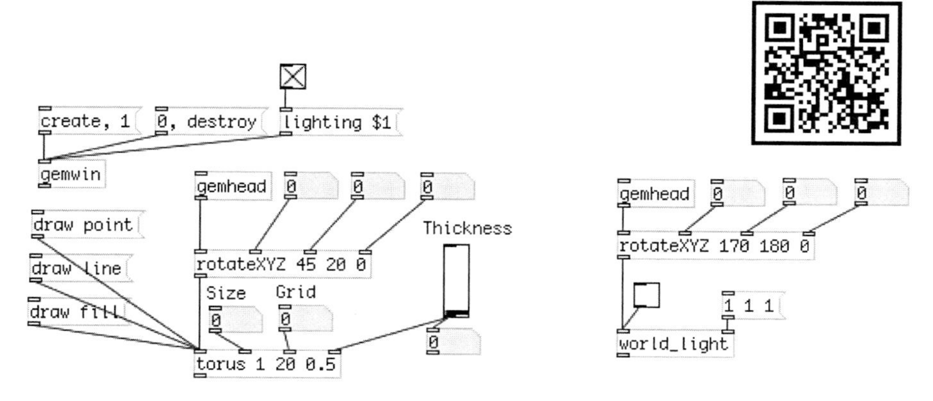

그림 7-8 도넛 만드는 패치

도넛 모양의 입체도형은 [torus]라는 객체를 사용하였습니다. 이제는 입체도형 패치에 사용된 대부분의 객체들에 익숙해졌으리라 생각됩니다. [torus] 객체는 Inlet이 네 개로, 두 번째 Inlet부터 차례로 도넛의 크기, 그리드, 두께(Thickness) 값을 설정할 수 있습니다.

조명 위치는 [rotateXYZ]에 170 180 0의 아규먼트를 사용하였고, 사용된 나머지 객체는 모두 앞선 입체도형들과 동일합니다.

실행 모드로 바꿔보면, 그림 7-9와 같은 도넛이 생성될 것입니다.

그림 7-9 도넛(Torus)

도넛의 두께에 연결된 슬라이더 값을 위아래로 바꾸며 변화를 줘보세요.

5. 주전자(Teapot) 만들기

이번에는 주전자 모양의 입체도형을 만들어보려고 합니다.
다음과 같이 패치를 구성해보도록 하겠습니다.

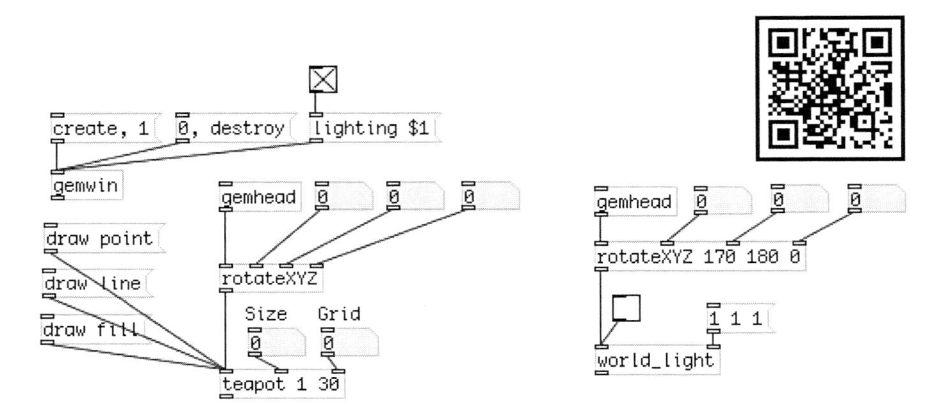

그림 7-10 주전자 만드는 패치

주전자를 만들기 위해서 사용된 객체는 [teapot]입니다. [teapot]의 Inlet은 세 개로, 주전자의 크기(두 번째 Inlet)와 그리드(세 번째 Inlet) 값을 설정할 수 있답니다. 마찬가지로 나머지 객체는 이전과 모두 동일합니다.

역시 실행 모드로 전환해볼까요?

그림 7-11 주전자(Teapot)

그림 7-11과 같이 주전자 모양의 입체도형이 만들어졌다면, 주전자의 크기나 회전 방향, 조명 위치에 연결된 숫자상자들의 값을 바꿔봅시다.

7.3 소리 요소로 입체도형 제어하기

구 모양을 포함해 여섯 가지의 입체도형 패치를 알아보았으니 이제 소리의 요소를 사용하여 입체도형을 제어해볼까 합니다.

:: 음량에 따라 두께가 변하는 도넛 모양 입체도형

앞서 만들었던 도넛 모양의 입체도형을 음량에 따라서 도넛의 두께를 변화시켜보기 위해 다음과 같은 패치를 만들어보겠습니다.

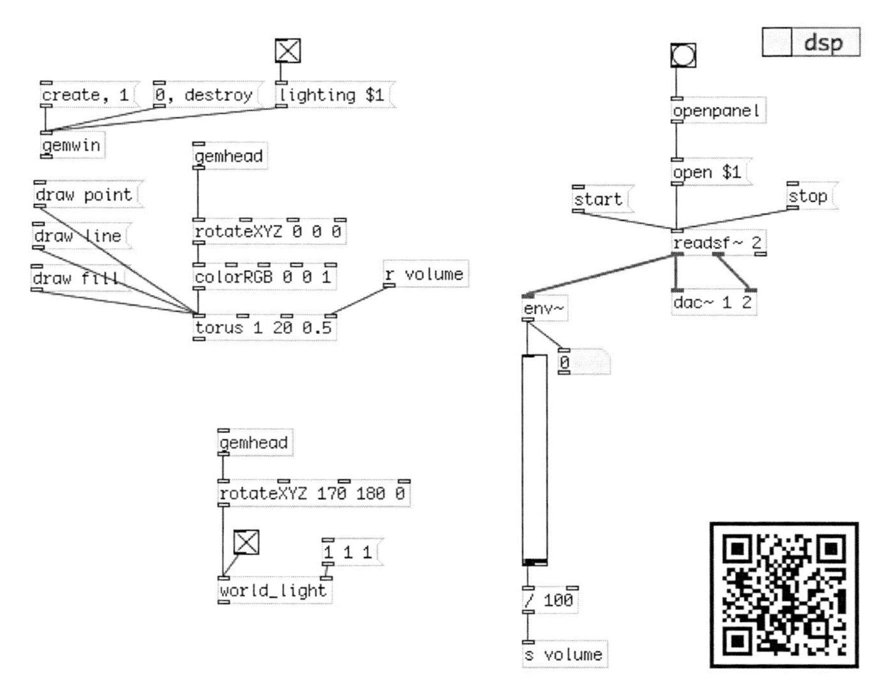

그림 7-12 음량에 따라 두께가 변하는 도넛 패치

그림 7-12 패치는 음량에 대한 값을 뽑아내기 위해 [env~] 객체를 사용하였고, 도넛의 두께가 최대 1을 넘어가지 않도록 100이 최댓값인 [env~]에 100을 나누어 주었습니다.

그리고 [s volume]에서 [r volume]으로 보내어 [torus] 두께에 해당하는 네 번째 Inlet에 연결해주었습니다.

또한 [colorRGB] 객체를 이용하여 아규먼트 값을 0 0 1로 설정하여 파란색의 도넛이 되도록 하였답니다.

실행 모드로 전환해보면, 파란색 도넛이 불러온 음악의 음량에 맞춰서 얇아졌다 두꺼워졌다 하는 것을 볼 수 있죠.

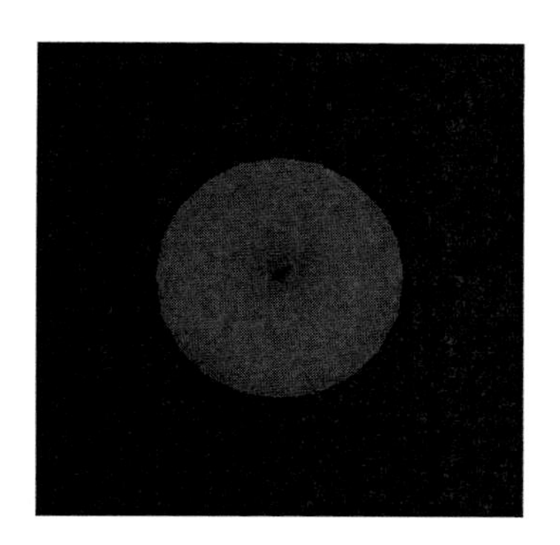
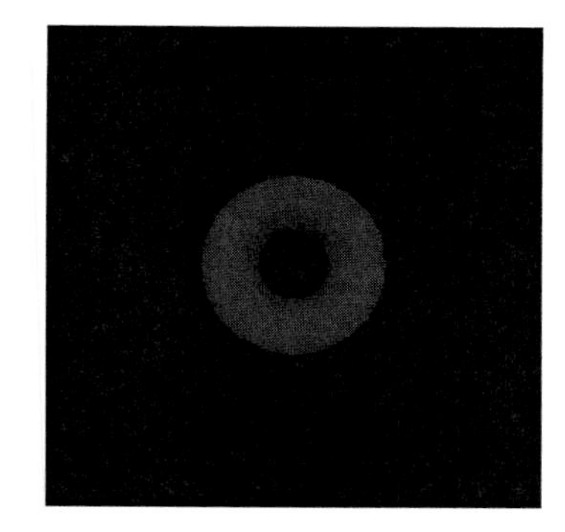

그림 7-13 패치의 실행 화면

:: 음높이에 따라 조명의 위치가 변하는 큐브 모양 입체도형

음량으로 입체도형을 제어해보았다면, 이번에는 소리의 두 번째 요소인 음고로 큐브를 비추는 조명의 위치를 변화시켜보려고 합니다.

패치는 다음과 같습니다.

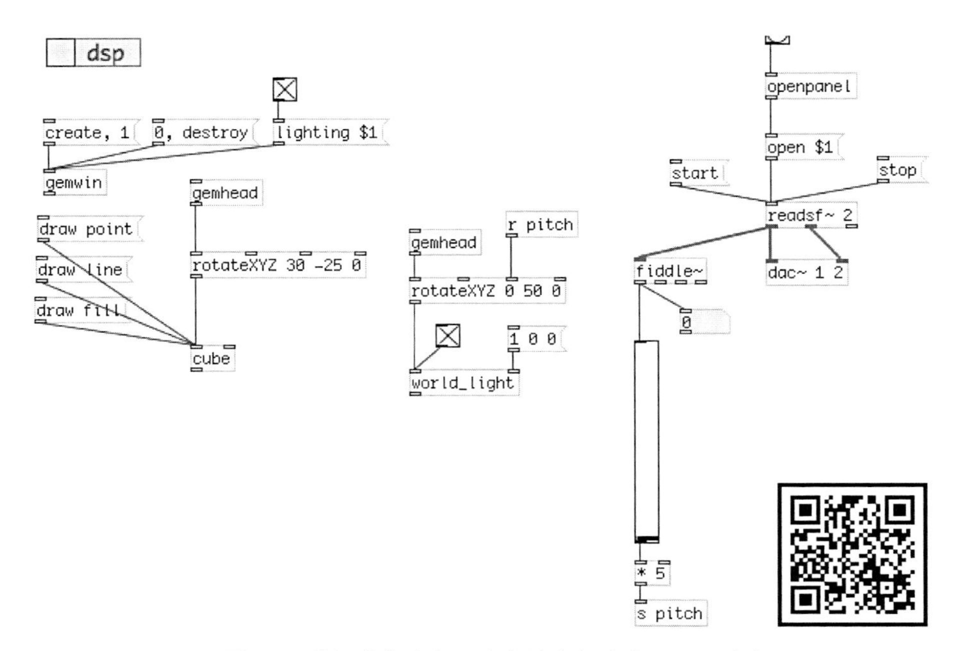

그림 7-14 음높이에 따라 조명의 위치가 변하는 큐브 패치

그림 7-14 패치에 사용된 객체는 앞서 그림 7-12 패치와 크게 다르지 않습니다. 음량이 아닌 음높이로 입체도형을 제어하기 위해 [fiddle~] 객체를 이용하였고요. 뽑아낸 최댓값이 대략 600 정도가 되길 원해서 [* 5]를 해주었습니다.
마찬가지로 [s pitch]에서 [r pitch]로 보내어 조명의 [rotateXYZ]의 Y값(세 번째 Inlet)에 연결하여 음높이에 따라 Y축을 중심으로 조명의 위치가 변하도록 하였답니다.
그리고 조명 색상은 1 0 0이라는 메시지 상자를 [world_light]의 오른쪽 Inlet에 연결하여 메시지 상자를 누르면 빨간색 조명이 되도록 하였습니다.

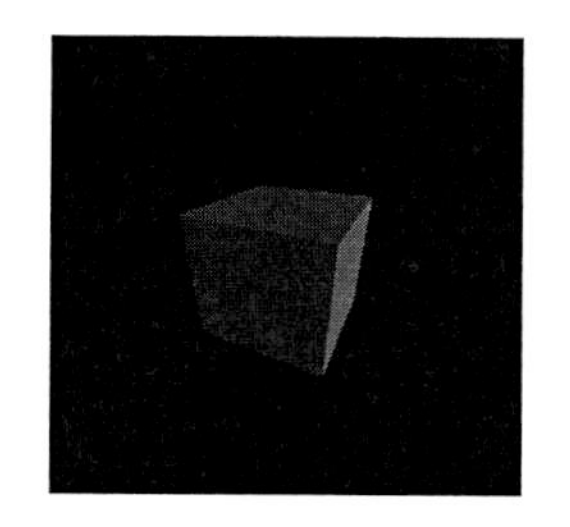

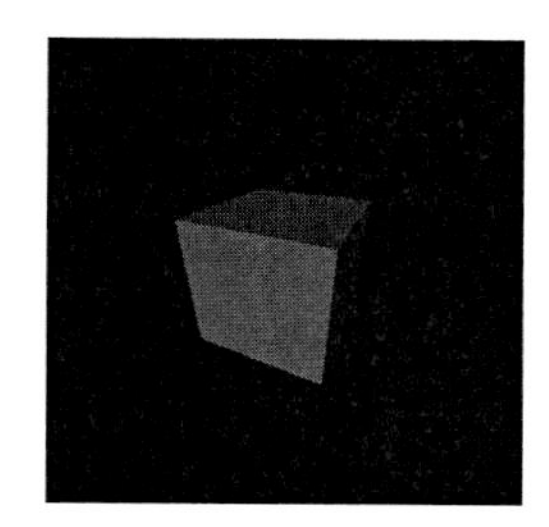

그림 7-15 패치의 실행 화면

:: 음색에 따라 여러 방향으로 회전하는 주전자 모양 입체도형

이번에는 소리의 3번째 요소인 음색으로 주전자 모양의 입체도형을 여러 방향으로 회전시켜보도록 하겠습니다.

이때 패치는 다음과 같습니다.

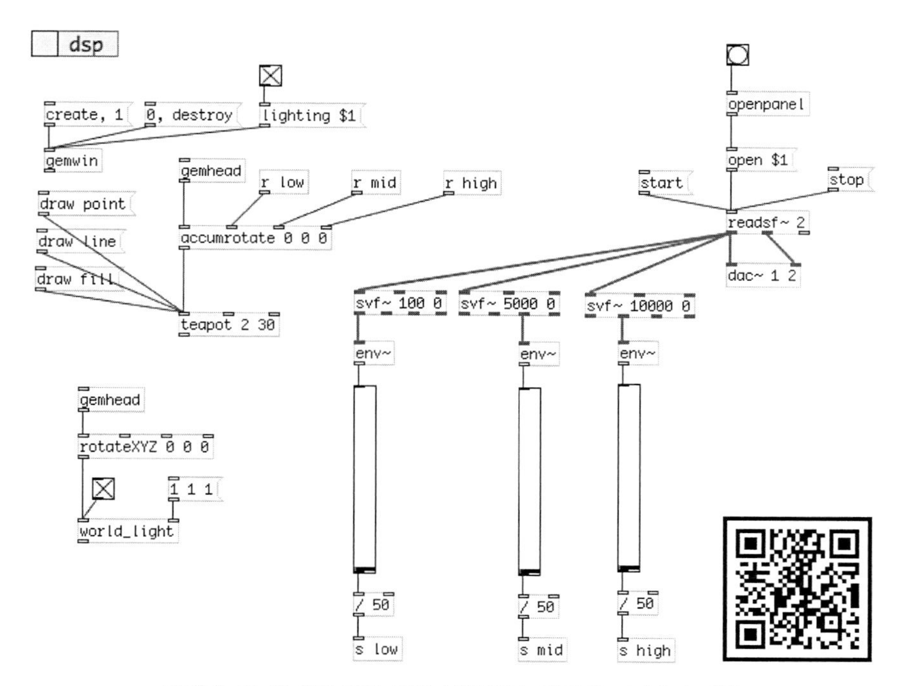

그림 7-16 음색에 따라 여러 방향으로 회전하는 주전자 패치

사용된 객체는 역시나 그림 7-12, 그림 7-14와 크게 다르지 않습니다.
다만 음색에 따라 주전자의 회전 방향을 제어하기 위해서 저음부, 중음부, 고음부의 정보를 각각 뽑아내기 위해 [svf~] 객체를 세 개 사용하였습니다. 저음부(100Hz), 중음부(5000Hz), 고음부(10000Hz)의 값이 최대 2가 넘지 않도록 각각의 슬라이더에 50을 나눠주었고요.
주전자의 크기는 그림 7-10 패치의 두 배가 되도록 2로 값을 설정하였습니다.
마지막으로 주전자를 계속 회전시키기 위해서 그림 7-16 패치에서는 [rotate] 객체 대신 [accumrotate] 객체를 사용하였습니다.
저음부는 [s low]에서 [r low]로 보내어 X값에, 중음부는 [s mid]에서 [r mid]로 보내어 Y값에, 고음부는 [s high]에서 [r mid]로 보내어 Z값에 연결하였습니다.

음악을 불러오면, 주전자 모양의 입체도형이 음색에 따라 X, Y, Z축을 중심으로 다양하게 회전하는 것을 볼 수 있답니다.

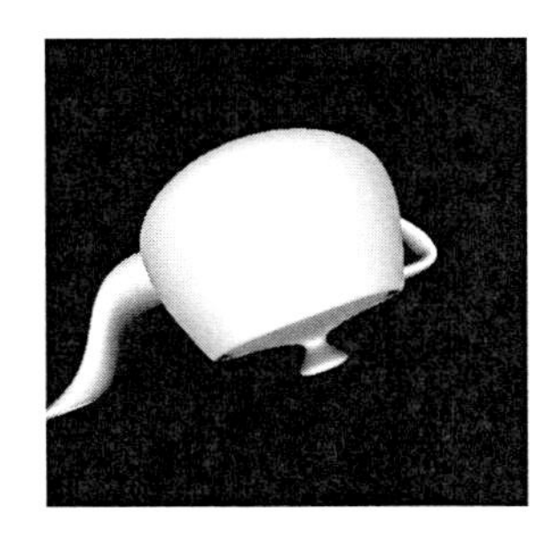
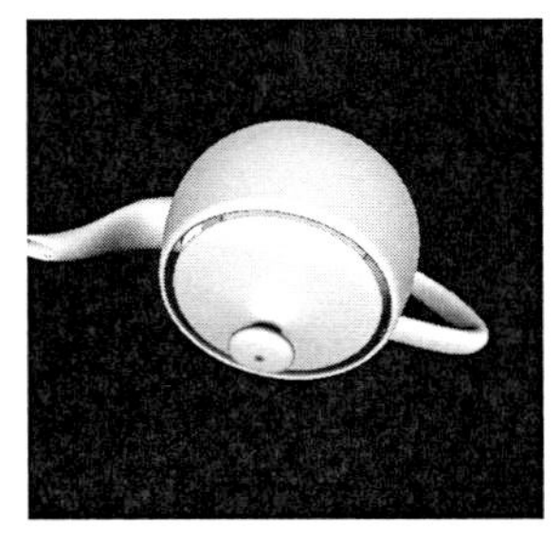
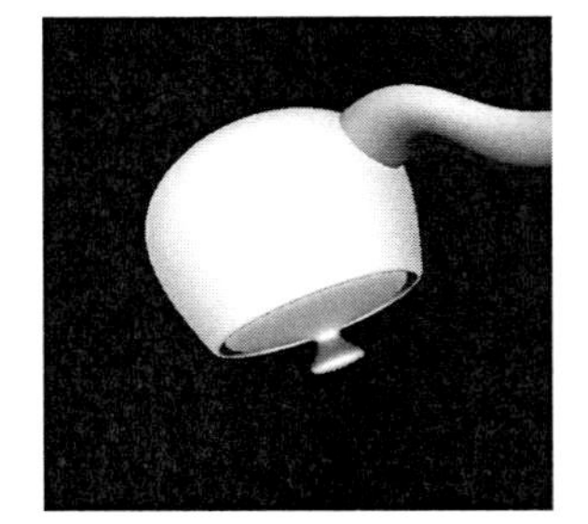

그림 7-17 패치의 실행 화면

그동안 평면도형만 제어하다가 입체도형을 소리의 요소로 제어해보니 Pd가 점점 더 재밌어지지 않나요?

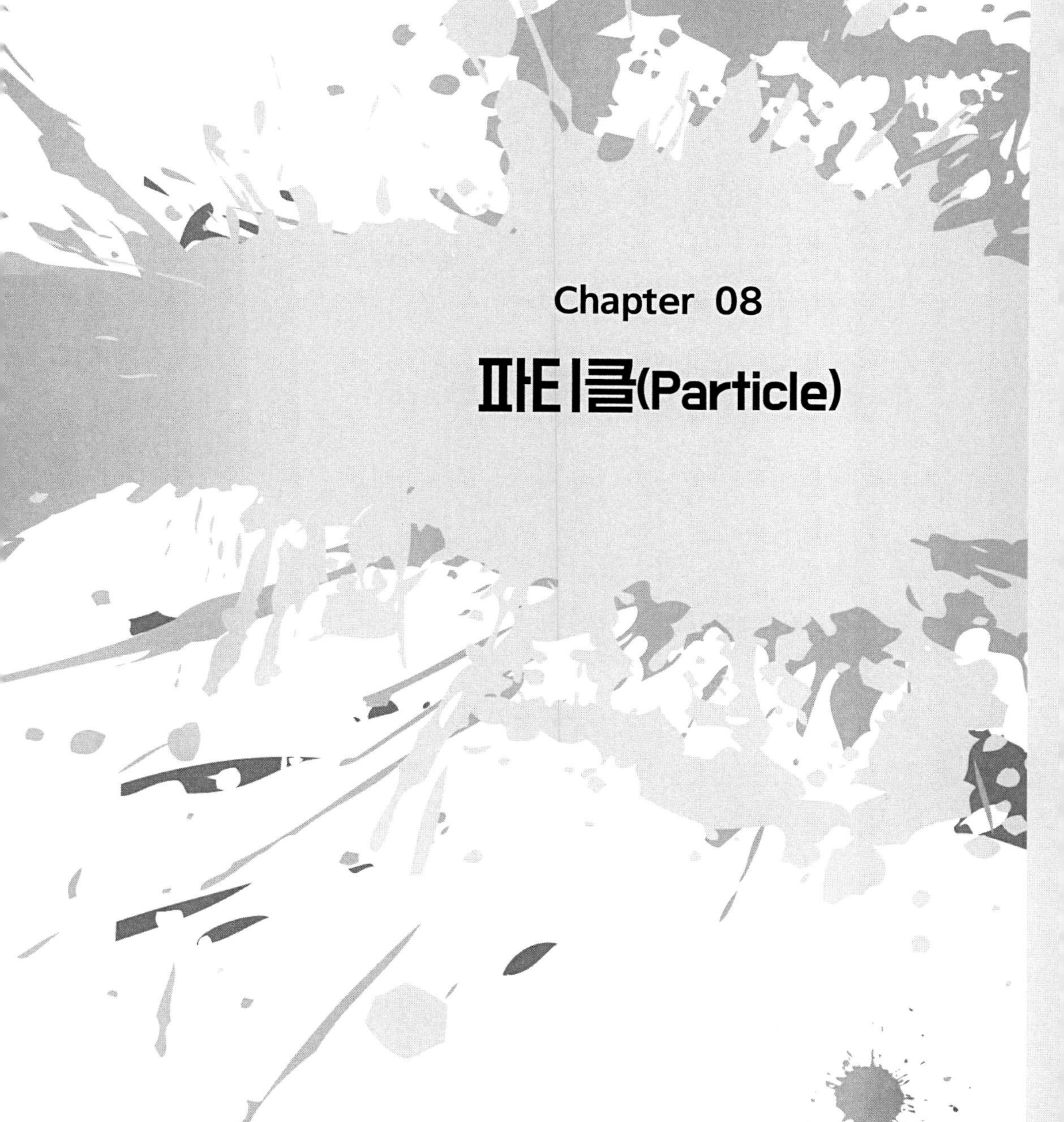

Chapter 08

파티클(Particle)

Chapter 08 파티클(Particle)

GEM에는 입자의 효과를 만들어내는 파티클(Particle)이라는 명령 시리즈를 가지고 있습니다.
이번 장에서는 파티클을 이용한 패치를 만들어보기로 하겠습니다.

8.1 음색에 따라 불꽃이 튀는 효과

고음이 강하게 나올 때마다 불꽃이 튀는 것과 같은 효과를 만들기 위하여 앞서 5장에서 만들었던 음색에 따라서 크기가 변하는 3개의 도형 패치인 그림 5-30을 살짝 수정하여 만들어보겠습니다.
만들어진 패치는 그림 8-1과 같습니다.

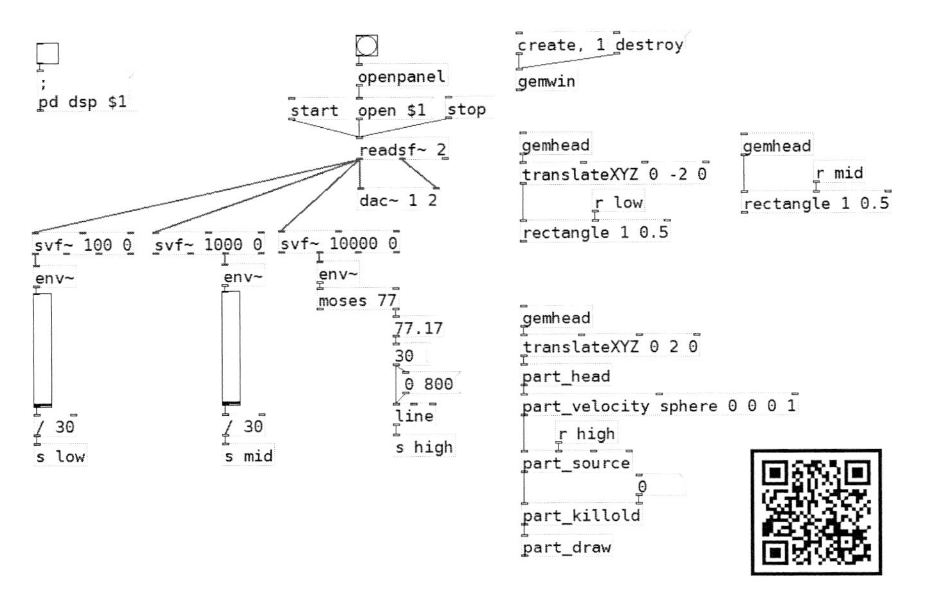

그림 8-1 강한 고음이 나올 때 불꽃이 튀는 영상 만들기

여기서는 새로운 객체들이 사용이 되었는데요. GEM에는 입자(Particle)를 만들어내는 객체로 파티클(Particle)이라는 객체를 가지고 있습니다. 이제부터 위의 패치에서 사용된 파티클 객체들에 대하여 알아보겠습니다.

- [part_head] : 입자를 만들기 위한 기초가 됩니다. 입자를 만들겠다는 것을 Pd에 알리는 객체라고 보면 됩니다.
- [part_velocity sphere 0 0 0 1] : [part_velocity]는 입자의 움직이는 형태와 방향을 설정하는 객체입니다. 발산하는 모양이 구형(Sphere)이며 구면을 향하여 발산할 것이기에 0 0 0 1이라고 설정을 하였습니다.
- [part_source] : 입자를 생성해내는 객체입니다. 두 번째 입력 단(Inlet)을 통하여 한 프레임당 몇 개의 입자를 생성해낼 것인가를 설정할 수 있습니다. 이 값이 크면 만들어지는 입자의 개수가 많아지고 0이 되면 입자는 만들어지지 않습니다. 위의 패치에서는 고음부가 일정한 크기 이상이 되면 이 값이 30이 되었다가 점점

줄어들어서 0이 되게 하여 불꽃이 튀었다가 사라지도록 하였습니다. (이 방법에 대해서는 잠시 후에 설명하도록 하겠습니다.)

- [part_killold] : 생성된 입자가 얼마만큼의 시간 동안 유지되었다가 사라질지를 설정합니다. 두 번째 입력단자(Inlet)를 통해서 들어온 값이 크면 만들어진 입자가 오랫동안 유지되었다가 사라지고 이 값이 작으면 만들어진 입자가 금방 사라지게 됩니다.
- [part_draw] : 위에서 설정된 값을 이용해서 입자들을 화면에 그리라는 명령 객체입니다.

앞서 설명한 방법을 통하여 입자들을 생성해낼 수 있는데요. 우리가 만든 패치는 고음이 일정 크기 이상이 되었을 때, 입자가 프레임당 30개가 만들어졌다가 0으로 줄어들게 되어 있습니다. 이를 구현하기 위해서 [moses] 객체와 [line] 객체를 이용하였습니다.

- [moses] : moses는 성경에 나오는 모세를 의미하는데요. 모세가 홍해를 가르듯이 입력으로 들어오는 값을 아규먼트를 중심으로 해서 아규먼트보다 작은 값은 왼쪽 Outlet으로 내보내고, 아규먼트랑 같거나 큰 값은 오른쪽 Outlet을 통해서 내보내는 객체입니다.

  이 패치에서는 [moses 77]이라고 아규먼트를 설정하였기에 77보다 작은 값이 입력되었을 때는 왼쪽 출력단자로 값이 출력되고, 입력 값이 77보다 크다면 오른쪽 출력단자를 통하여 출력이 됩니다. 오른쪽 출력단자를 통해서 값이 출력이 될 때마다 뱅도 함께 만들어지게 됩니다. 따라서 오른쪽 출력단자에 연결된 [30 (이라고 하는 메시지 상자를 동작시키게 됩니다. [moses 77] 오른쪽 단자에 숫자상자를 연결한 건 77보다 큰 값이 들어왔을 때 그 값을 확인하기 위해서고요. 77보다 큰 값이 들어왔을 때 30이라는 값을 트리거하게 됩니다.

  참고로 더 정확하게 패치를 구성한다면 [moses 77]에서 숫자상자로 그리고 30이라는 메시지 상자로 바로 연결하는 것보다는, 메시지 상자 전에 [t b]를 거쳐서 77보다 큰 값이 입력되면 [30 (이라는 메시지 상자를 클릭하는 효과를 내는 것이 맞겠죠.

그럼 [30 (과 연결된 [line]이라고 하는 객체에 대하여 살펴보도록 하겠습니다.

- [line] : 이 객체는 30과 같이 하나의 메시지를 입력받으면 초깃값으로 설정이 되며, 0 800과 같이 두 개의 값을 갖는 메시지를 입력받으면 초깃값으로부터 0까지 800ms(0.8초) 동안 변화하게 됩니다. 다시 말해 [line]은 초깃값을 입력받고 (위 패치에서는 초깃값이 30이 되는 거고요.), 다음으로 0 800과 같이 목적값까지 변화하는 데 걸리는 시간을 설정하게 된답니다. 따라서 위 패치에서는 고음부의 크기가 77 이상이 되면 초깃값이 30이 되고 800ms(0.8초)동안 30이 0으로 변하는 것이죠. 그리고 이렇게 변화하는 값을 [s high]를 통해서 보내서 [part_source]의 두 번째 입력 값으로 사용한 것입니다.

  그래서 고음부의 값이 77 이상이 되면 불꽃의 개수가 한 프레임당 30개만큼 만들어졌다가 0.8초 동안 입자의 수가 줄어들어서 더 이상 불꽃이 튀지 않게 되는 것입니다.

그림 8-2 패치의 실행 화면

8.2 소리의 3요소에 따라 회전하며 앞뒤로 움직이는 별과 파티클

파티클 패치를 구성하고 나니 불꽃 축제도 떠오르고 해서 이전에 만들었던 패치들을 응용하여 좀 더 보기 좋게 만들어보면 어떨까 하는 생각이 들었습니다.
그림 8-1 패치에서는 음색만으로 시각적 요소를 제어했다면, 이번에는 소리 3요소 모두를 사용하여 두 개의 별이 회전하며 앞뒤로 움직이고 동시에 별 주변에서 파티클이 터지는 영상을 만들어보겠습니다.

Step 1. 회전하는 별 모양 만들기

먼저 앞선 6장에서 [polygon] 객체를 이용해 바람개비 모양을 만들었던 것을 기억하시리라 생각합니다. 그림 6-6 (음높이에 따라서 회전하는 속도가 달라지는 바람개비) 패치를 조금 수정하여 음높이에 따라 회전하는 속도가 달라지는 별 모양 패치를 만들어보겠습니다.

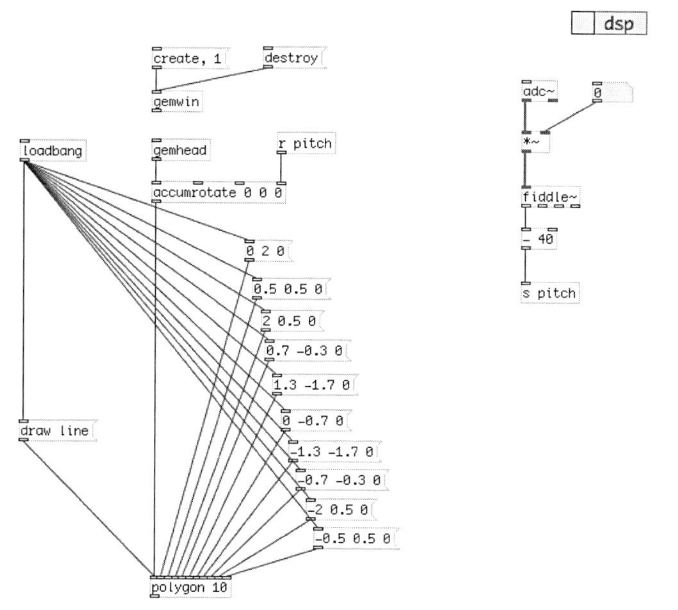

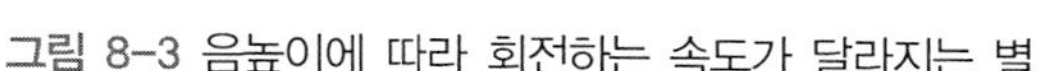
그림 8-3 음높이에 따라 회전하는 속도가 달라지는 별

이전에 바람개비 모양을 만들기 위해서는 [polygon 8] 객체를 사용하였지만 별 모양을 위해서는 [polygon 10], 아규먼트를 10으로 바꾸어 사용하였습니다.
또한 별이 회전하는지 확인하기 위해 목소리를 입력으로 받아서 음높이에 따라 별의 회전속도가 달라지도록 패치를 구성하였죠. 회전하는 바람개비 패치와 마찬가지로 [accumrotate] 객체를 사용하여 회전각을 크게 해서 빠르게 돌아가도록 하였습니다.

이제 실행 모드로 바꾸어 [create, 1 (을 누르면 아래와 같은 별 모양이 완성된 것을 확인할 수 있답니다.

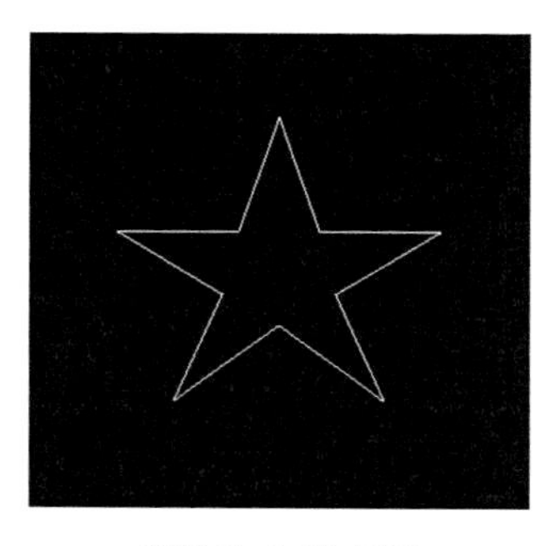

그림 8-4 별 모양

목소리 음높이에 따라 별이 회전하는 것을 확인하였다면, 이번에는 소리 3요소를 모두 사용하여 두 개의 별과 파티클을 제어해보겠습니다.

Step 2. 소리의 3요소에 따라 회전하며 앞뒤로 움직이는 두 개의 별과 파티클 만들기
먼저 두 개의 별을 나란히 위치시키기 위해 각각 [translateXYZ] 객체의 X값을 −2와 2로 설정하였습니다. 왼쪽 별은 [colorRGB]를 1 0 1 값을 주어 보라색을 만들어주었고, 오른쪽 별은 [colorRGB]를 0 1 1 값을 주어 청록색으로 연출하였답니다.
그리고 첫 번째 소리 요소인 음량은 [env~] 객체를 통해 뽑아낸 값에 [* −0.01], 다시 말해 −0.01을 곱해 −1에서 0 정도가 되도록 만들어 그 값을 [s volume]을

통해 [r volume]으로 받아 왼쪽 별의 [translateXYZ] 객체의 Z값(네 번째 Inlet)에 연결하였어요. 그렇게 되면 왼쪽의 보라색 별은 회전과 동시에 음량에 따라 앞뒤로 위치를 바꾸며 움직이겠죠?
두 번째 소리 요소인 음고는 [fiddle~] 객체를 통해 뽑아낸 값에 마찬가지로 -0.01을 곱해 출력 값이 -1~0 정도가 되도록 만들어주고, 그 값을 [s pitch]로 보내 [r pitch]로 받아 오른쪽 별의 [translateXYZ] 객체의 Z값에 연결해주었어요. 그렇다면 오른쪽 청록색 별은 회전과 동시에 음높이에 따라 앞뒤로 움직이게 되겠네요.

별에 대한 구성이 끝났다면, 파티클은 앞서 만들었던 그림 8-1 패치에서 조금의 수정을 거치면 됩니다.
우선 [svf~] 객체에서 로우 패스 필터를 이용해 뽑아낸 저음(100Hz) 성분은 40으로 나눈 값을 [s low]에서 [r low]로 보내어 왼쪽 보라색 별의 [accumrotate] 객체의 네 번째 Inlet에 연결해주어 왼쪽 별의 회전속도를 설정해주었습니다.
마찬가지로 [svf~]로 밴드 패스 필터를 통해 뽑아낸 중음(1000Hz) 성분도 40으로 나눈 값을 [s mid]에서 [r mid]로 보내어 오른쪽 청록색 별의 [accumrotate] 객체의 네 번째 Inlet에 연결하여 오른쪽 별의 회전속도를 설정하였죠.
그리고 [svf~]의 하이 패스 필터를 통해 뽑아낸 고음(10000Hz)은 [moses 77] 객체를 이용해 77보다 큰 값이 들어왔을 때 10이라는 값을 트리거 하게 되고, 이렇게 변화하는 값을 [s high]를 통해 [r high]로 보내서 [part_source]의 두 번째 입력 값으로 사용한 것입니다.
그럼 다음 그림 8-5 패치에서는 고음부의 크기가 77 이상이 되면 불꽃의 개수가 한 프레임당 10개만큼 만들어졌다가 0.8초 동안 입자의 수가 차츰 줄어들어서 더 이상 불꽃이 튀지 않죠.
또한 생성된 입자들이 얼마나 유지하는지에 대한 시간을 정해주는 [part_killold] 객체에 아규먼트 값을 200으로 설정하여 최대한 오래 유지되고 서서히 사라지도록 연출해보았답니다.

그렇게 해서 완성된 패치는 다음 그림과 같습니다.

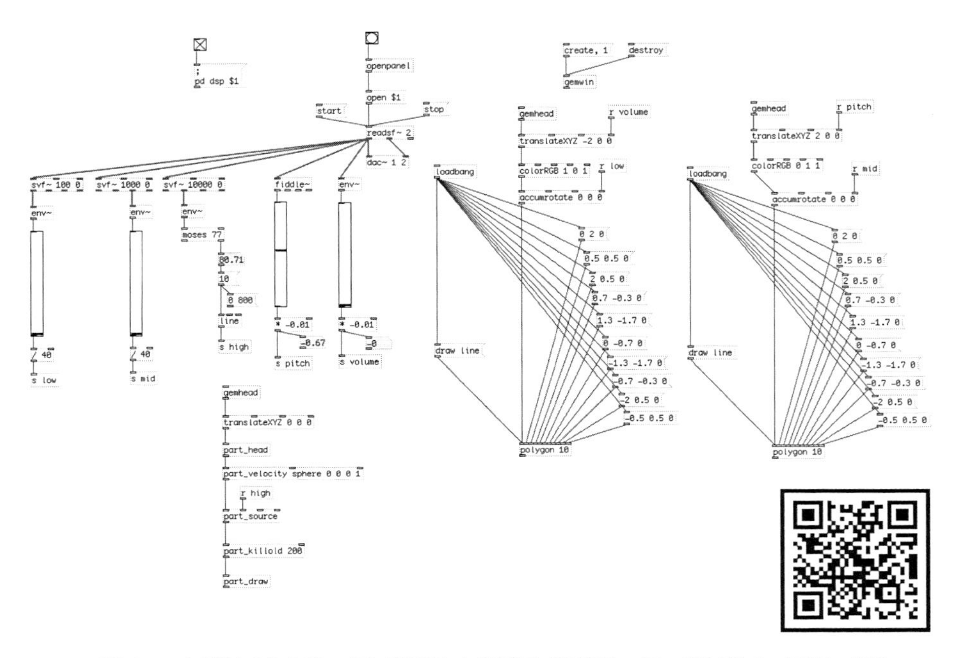

그림 8-5 소리의 3요소에 따라 회전하며 앞뒤로 움직이는 두 개의 별과 파티클 패치

아무래도 그동안 만들었던 패치들의 총집합이라 해도 과언이 아닐 것 같네요. 이제 실행 모드로 전환하여 음악 파일을 불러와 재생해보도록 할게요.

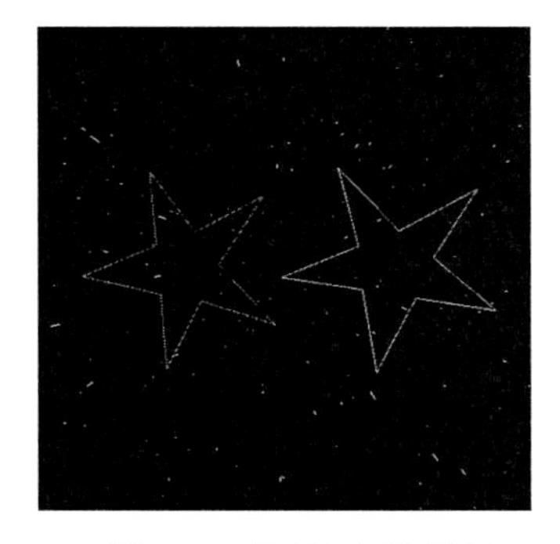

그림 8-6 패치의 실행 화면

어떤가요? 마치 추억의 오락실 게임인 갤러그 느낌의 영상이 연출이 되었네요. 이렇게 해서 소리의 3요소를 모두 이용하여 두 개의 별과 파티클을 함께 제어해보았습니다.

이제 9장으로 넘어가기 전에 여러분만의 아이디어로 다양한 패치를 만들어보는 건 어떨까요?

Chapter 09
이미지(Image)

Chapter 09 이미지(Image)

이번 장에서는 기존의 그림파일을 불러온 후 소리를 이용하여 불러온 이미지를 변형하는 다양한 방법들에 대하여 다루도록 하겠습니다.

9.1 Pd에서 이미지를 불러오기

우선 Pd에서 불러올 이미지 파일을 준비합니다. Pd에서는 기본적으로 TIFF 파일과 JPG 파일을 사용할 수 있으며 운영체제에 따라서 더 다양한 이미지 파일 형식을 읽어올 수 있기도 합니다.
사용할 이미지 파일들이 준비되었다면 이제 다음과 같이 Pd 패치를 작성해보도록 하겠습니다.

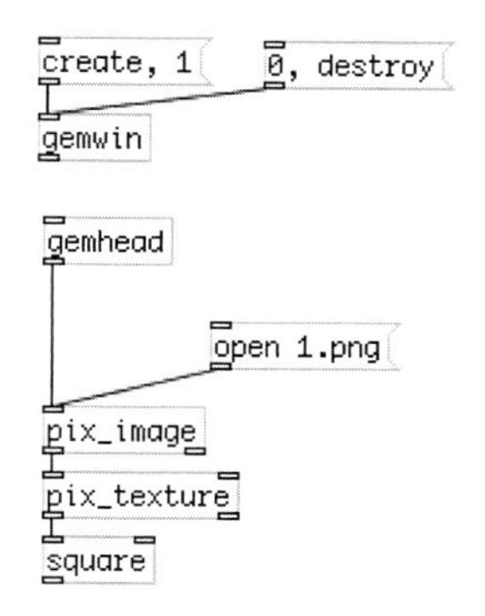

그림 9-1 그림파일을 불러오는 패치

[gemwin]이나 [gemhead], [square]와 같은 객체들은 이미 익숙할 것입니다. 여기서 새로 등장한 객체는 [pix_image]와 [pix_texture]가 있는데요. 이 객체들의 이해를 위해서 Pd가 이미지를 표시하는 방법에 대해서 설명을 하도록 하겠습니다. 이 방법은 다음 장에서 다루게 될 영상 파일에서도 동일하게 적용됩니다.
예를 들어 우리가 좋아하는 사진으로 가구를 꾸미고 싶다면 좋아하는 사진을 시트지로 만들고 그 시트지를 가구에 붙여야 할 것입니다. 또는 그 시트지를 노트북에 붙여서 노트북을 꾸밀 수도 있겠죠.
Pd도 이와 비슷한 개념을 사용하게 됩니다.
[pix_image]라는 객체는 [open (메시지를 통해서 지정된 그림파일을 불러오고 이렇게 불러온 이미지는 마치 시트지와 같은 역할을 합니다.
다음으로 [pix_texture] 객체는 준비된 시트지를 붙이는 역할을 하게 되죠. 그림 9-1의 패치에서는 시트지를 붙이는 곳이 [square], 즉 사각형의 모양이 되는 것입니다. 참고로 여기서 불러온 1.png 파일은 1이라는 숫자가 그려진 이미지 파일이며 패치와 같은 폴더에 저장이 되어 있어야 합니다.
패치를 실행하고 난 후, [create, 1 (을 클릭하여 윈도우를 생성하고 [open 1.png (를 클릭하면 윈도우에 다음과 같이 1.png 파일이 보이게 됩니다.

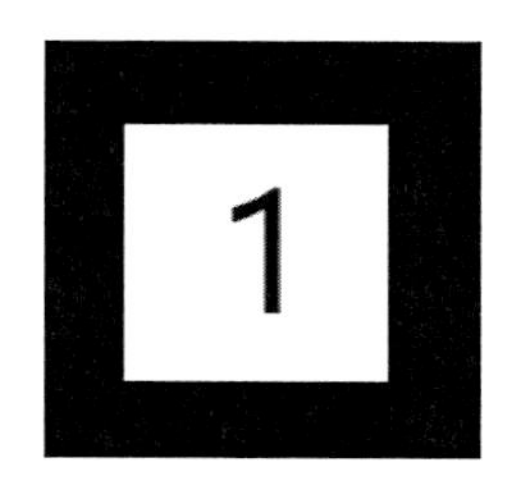

그림 9-2 패치의 실행 화면

실습 1. 다양한 대상에 이미지 입히기

이번에는 [square] 대신 [circle]이나 [cube], [cylinder], [sphere]와 같은 객체를 이용하여 다양한 대상에 시트지를 붙여 보도록 하겠습니다.

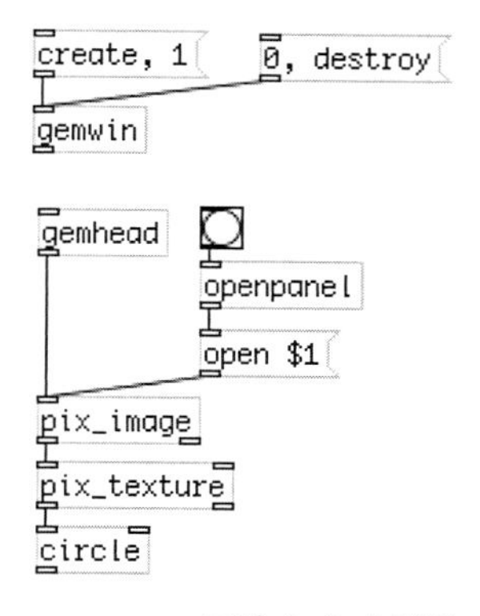

그림 9-3 수정된 패치

그림 9-3에서는 [square] 대신 [circle] 객체를 이용하여 원에 이미지 파일을 표시하도록 수정하였고 [openpanel] 객체를 이용하여 표시하고자 하는 이미지 파일을 선택할 수 있도록 하였습니다.

여러분은 [circle] 이외에 [cube], [cylinder], [sphere]와 같은 객체에도 이미지 파일을 표시해보기 바랍니다. 또한 [rotateXYZ]와 같은 객체를 이용하면 표시된 이미지를 다양한 각도로 회전시켜 볼 수도 있습니다. (그림 9-4)

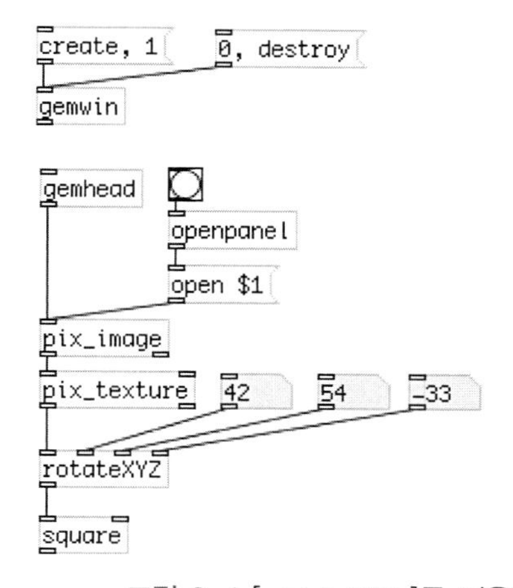

그림 9-4 [rotateXYZ]를 적용한 패치

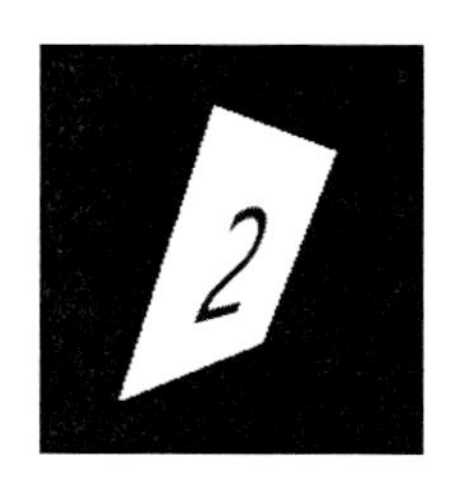

그림 9-5 패치를 실행시킨 결과물

실습 2. 음량에 따라 각기 다른 이미지가 보이게 하기

앞선 실험에서 사용된 방법은 8장까지 다뤘던 기법들을 모두 적용할 수 있습니다. 따라서 8장까지 다뤘던 기법들과 함께 혼합하여 다양한 실험들을 해보길 권합니다. 반면 이번에 다루게 될 방법은 이미지 파일의 특성을 이용하여 사용할 수 있는 기법입니다. 앞서 이야기한 것처럼 [pix_image]가 시트지를 선택하는 명령이라면 음량에 따라 각기 다른 시트지가 선택되도록 해보면 어떨까요?

방법은 아주 간단합니다. 그림 9-1과 같은 패치에 [open (메시지를 여러 개 만들어서 여러 개의 이미지 파일들이 선택될 수 있도록 하고 음량의 변화에 따라서 각기 다른 메시지 상자가 활성화되도록 하면 됩니다. 이렇게 만들어진 패치는 그림 9-6과 같습니다.

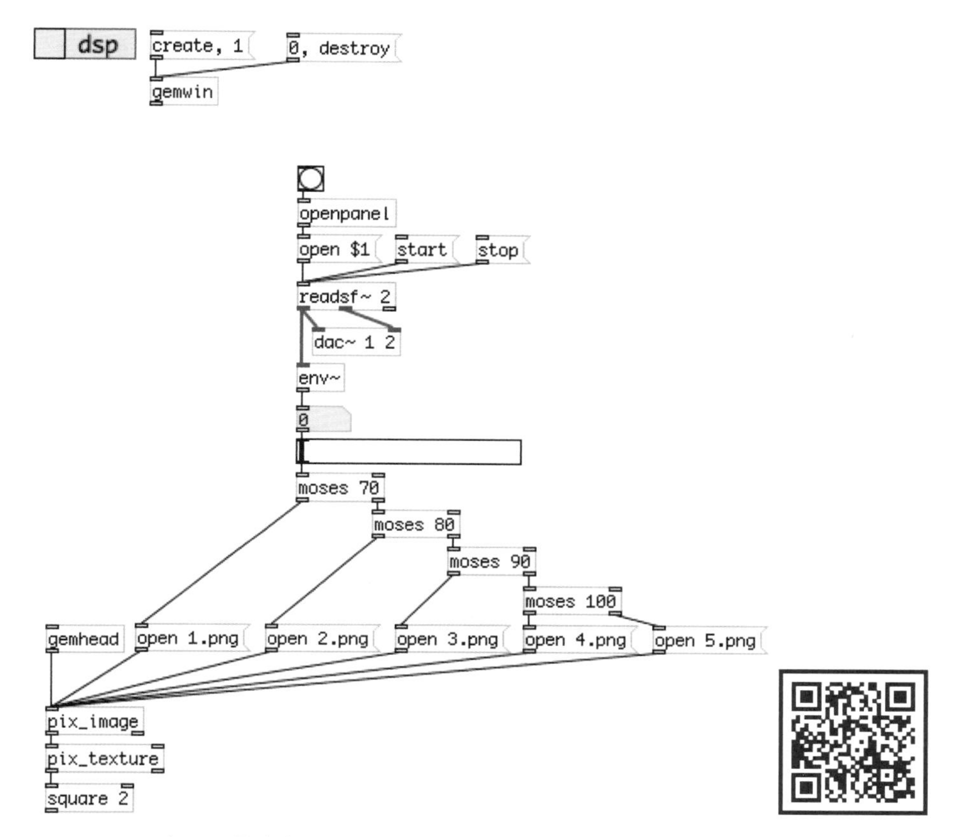

그림 9-6 음량의 변화에 따라 1부터 5까지의 이미지 값이 표시되는 패치

그림 9-6의 패치에서 1.png~5.png의 그림만 바꿔도 굉장히 재미있는 결과를 얻을 수 있을 것입니다. 또한 만약 음량에 따라 [square]의 크기도 함께 변화되게 한다면 훨씬 재미있는 효과를 얻을 수 있을 것 같네요.

참고로 [pix_multiimage]라는 객체를 이용하여 위와 같이 여러 개의 이미지를 불러오는 방법도 있는데요. 그 방법은 다음과 같습니다.

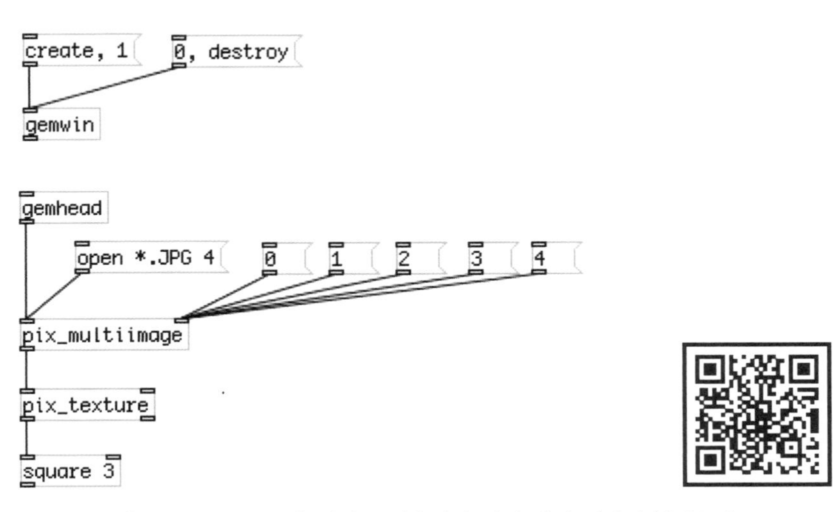

그림 9-7 [pix_multiimage] 객체를 이용하여 여러 개의 이미지 불러오기

[pix_multiimage] 객체를 이용하는 경우 패치와 그림파일을 같은 폴더에 위치시키는 것이 사용하기가 편합니다. 저는 파일의 이름을 다음과 같이 설정하여 모두 5개의 이미지를 준비하였습니다.

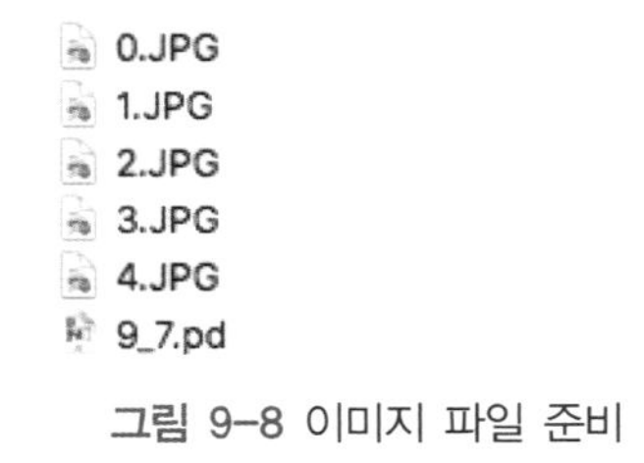

그림 9-8 이미지 파일 준비

그리고 파일의 이름이 0부터 시작을 하여야 하며 만약 윈도우(Windows) 시스템을 사용하시는 경우라면 경로명에 한글을 포함시키지 않는 것이 좋습니다.
파일의 준비가 끝났다면 그림 9-7과 같이 패치를 만들어보겠습니다.

메시지 상자에는 open이라는 명령과 함께 파일의 숫자 부분을 *로 표시하면 됩니다. 만약 준비한 파일의 이름이 temp0.jpg, temp1.jpg, temp2.jpg, temp3.jpg라면,

```
open temp*.jpg 3
```

이라는 메시지 상자를 만들면 됩니다. 마지막 3은 파일의 마지막 숫자를 나타냅니다. 이제 패치를 실행하고 [create, 1 (메시지 상자를 클릭하여 윈도우를 생성하고 [open *.JPG 4 (메시지 상자를 클릭한 다음, 0부터 4까지의 메시지 상자를 클릭하면 0부터 4까지의 이미지가 GEM 윈도우에 표시됩니다.

9.2 불러온 이미지를 변형하기

앞 절에서는 이미지를 불러오는 방법과 그를 응용하는 몇 가지 방법에 대해서 살펴보았습니다.
이번에는 불러온 이미지에 다양한 효과를 주는 방법에 대해서 알아보도록 하겠습니다.
pix에서 사용되는 효과는 워낙 다양하기 때문에 여기서는 단일 이미지를 변화시키는 명령 객체들과 두 개의 이미지를 조합하는 명령 객체로 구분하여 다양한 명령 객체들을 설명하고 각 객체들을 어떻게 음악적 요소들과 연결할지에 대해서 고민해보도록 하겠습니다.

:: 단일 이미지의 변화

여기서 다룰 명령 객체들은 [pix_image]를 통해 불러온 이미지에 변화를 주는 명령들입니다.
패치를 만들고 따라하다 보면 금방 이해가 될 것입니다.

1. [pix_roll]

[pix_roll]은 이미지를 위아래, 좌우로 이동시키는 명령입니다.
예제 패치를 통해서 어떻게 동작을 하는지 살펴보도록 하겠습니다.

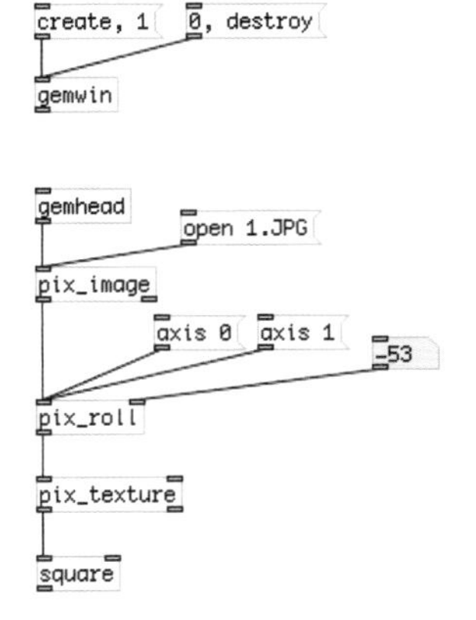

그림 9-9 [pix_roll] 객체의 실습

그림 9-9와 같은 패치를 만들고 실행을 한 후, [axis 0 (을 선택하고 [pix_roll]의 오른쪽 Inlet과 연결된 숫자상자의 값을 움직이면 이미지가 위아래로 움직이고 [axis 1 (을 선택하고 [pix_roll]의 오른쪽 Inlet과 연결된 숫자상자의 값을 움직이면 이미지가 좌우로 움직이는 것을 확인할 수 있습니다.

이것을 음악적 요소들과 연결하면 음악의 변화에 따라서 이미지를 위아래, 또는 좌우로 움직이게 할 수 있습니다.

기본 이미지

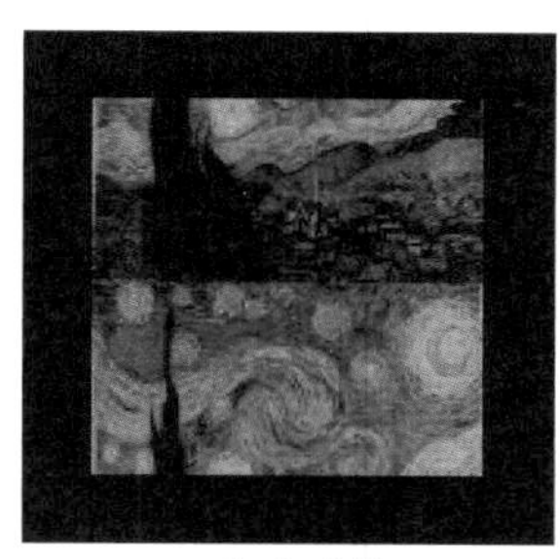

axis 0 효과

asix 1 효과

그림 9-10 패치의 실행 화면

2. [pix_bitmask]

어린 시절 다양한 색깔의 셀로판지를 이용하여 선글라스를 만드는 놀이를 했던 기억이 있는데요. [pix_bitmask]는 그런 놀이라고 보면 됩니다. 그림 9-11의 패치를 보면 [pix_bitmask] 객체에는 총 3개의 Inlet이 있는데요. 첫 번째 Inlet은 [pix_image]와 연결이 되고 두 번째 Inlet은 전체 채널에 대한 마스크 값을 설정한다고 설명이 되어 있는데요. 검은색 선글라스라고 생각을 하면 이해가 쉬울 것입니다. 이 값이 0에 가까울수록 진한 선글라스가 되고 127에 가까울수록 선글라스의 색이 밝아지는 것이죠. 세 번째 Inlet은 셀로판지의 RGB(Red, Green, Blue)의 색 농도를 조정한다고 보시면 됩니다. 이 값을 하나의 입력으로 만들기 위해서 [pack] 명령을 사용했습니다.

아래의 패치를 만들어서 실험을 해보면 그리 어렵지 않게 이해가 될 것입니다. 그리고 각각의 숫자상자를 음악 요소와 연결시킨다면 음악의 시각화가 이루어지게 되는 것이죠.

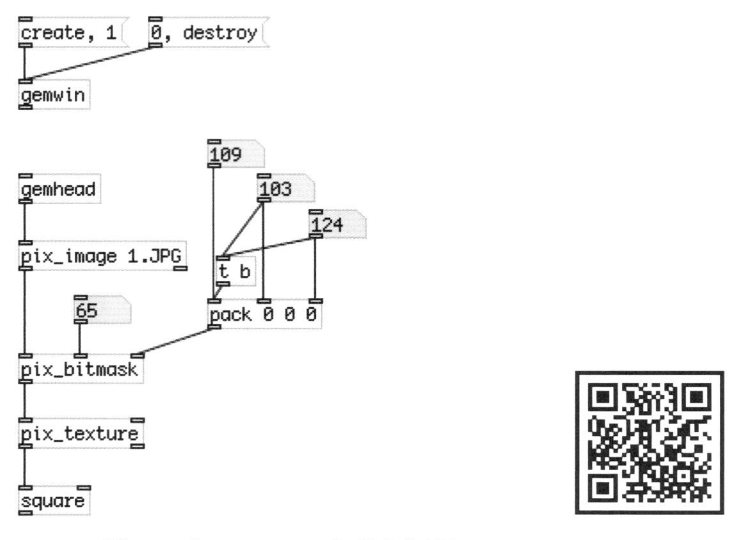

그림 9-11 [pix_bitmask] 객체의 실습

그리고 이번 예제에서는 지금까지 이미지를 불러올 때 사용하던 [open (메시지 상자를 사용하지 않고 [pix_image]의 아규먼트로 파일 이름을 지정하여 사용하였습니다.

또한 [pack]의 두 번째, 세 번째 Inlet에 연결되어 있는 숫자상자에만 [t b]를 연결한 이유는 5장에서 설명했다시피 대부분의 객체는 첫 번째 위치한 Inlet에 신호가 들어왔을 때 출력을 하게 되어 있습니다. 그래서 두 번째, 세 번째 Inlet을 통해서 값이 입력되는 두 숫자상자에만 첫 번째 Inlet으로 뱅 메시지를 함께 입력해주어 값이 들어올 때 그 값이 packing되어 출력되도록 한 것이죠.

기본 이미지

[pix_bitmask] 효과

그림 9-12 패치의 실행 화면

3. [pix_2grey]

[pix_2grey] 객체는 사용법이 아주 간단합니다. 그림 9-11의 예제 패치와 같이 [pix_image]에서 불러온 이미지를 [pix_2grey]를 통과시키면 이미지가 흑백 이미지로 변환이 됩니다.

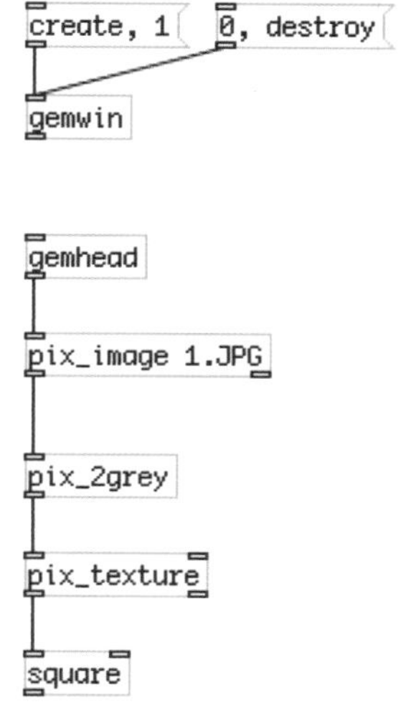

그림 9-13 [pix_2grey] 객체의 실습

기본 이미지

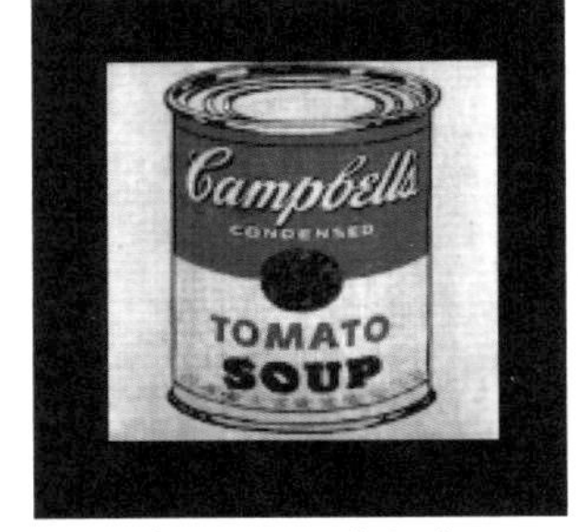

[pix_2grey] 효과

그림 9-14 패치의 실행 화면

4. [pix_aging]

[pix_aging] 객체는 aging이라는 단어가 나타내듯이 이미지를 오래된 것처럼 만들어주는 효과를 냅니다. 효과는 먼지가 낀 것과 같은 효과를 만들어주는 [dust (, 파인 자국과 같은 효과를 만들어주는 [pits (, 색이 바란 듯한 효과를 만들어주는 [coloraging (, 그리고 스크래치가 난 것 같은 효과를 만들어주는 [scratch (가 있습니다. 그럼 이제 다음과 같은 패치를 만들고 각각의 효과를 확인해보도록 하겠습니다.

그림 9-15 [pix_aging] 객체를 이용한 이미지의 변화 효과

기본 이미지

[pix_aging] 효과

그림 9-16 패치의 실행 화면

[dust (, [pits (, [coloraging (메시지의 경우 1이면 효과가 적용이 되는 것이고 0이면 효과가 적용되지 않는 것입니다. 그리고 [scratch (메시지의 경우는 세로줄(Scratch)의 빈도를 값으로 조절할 수 있습니다. 그래서 메시지 상자에는 $1이라는 변수를 입력받게끔 설정하고 위에는 숫자상자를 연결하여 그 빈도를 조절할 수 있도록 하였습니다. [dust (, [pits (, [coloraging (의 경우도 다음과 같이 패치를 수정하여 토글 스위치로 각 효과를 껐다 켜기를 할 수 있습니다.

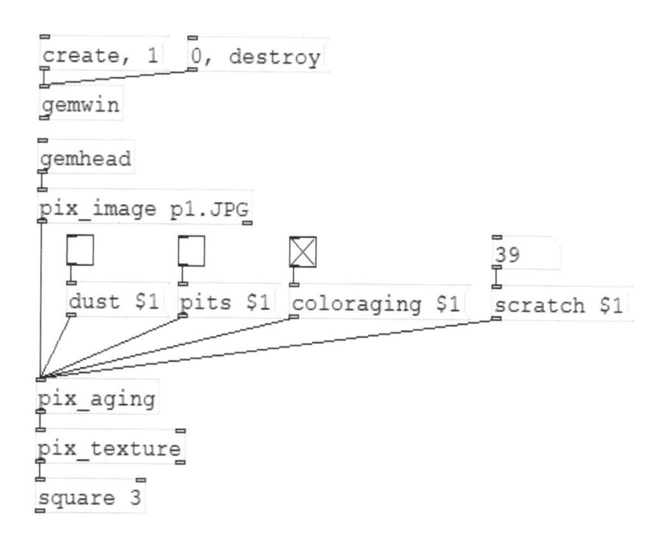

그림 9-17 토글 스위치를 적용한 패치

5. [pix_halftone]

예전의 흑백신문 속 사진을 자세히 들여다보면 점들이 모여 하나의 이미지를 만들어 내는 것을 확인할 수 있습니다. 이렇듯 [pix_halftone]은 이미지를 예전 흑백 이미지처럼 만들어주는 객체입니다. 이번에도 역시 패치를 만들어보고 각 파라미터를 움직여가며 [pix_halftone]이 어떤 식으로 동작하는지 알아보도록 하겠습니다.

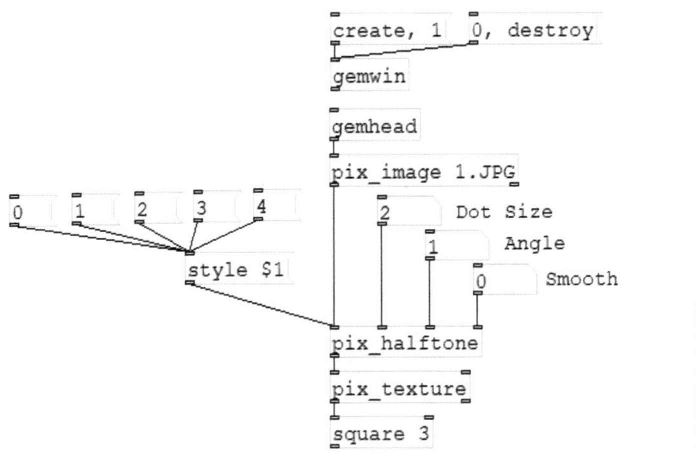

그림 9-18 [pix_halftone] 객체의 실습 패치

[style (메시지를 통해서 도트의 모양을 변경할 수 있으며 그 모양은 다음과 같습니다.

0 : 둥그런 도트

1 : 점선으로 연결된 도트

2 : 다이아몬드 모양의 도트

3 : 유클리디안 도트

4 : 포스트 스크립트 도트

그리고 [pix_halftone]의 두 번째 Inlet은 도트의 크기를 설정할 수 있고 그 크기는 1~32로 설정할 수 있습니다. 세 번째 Inlet은 도트의 기울이는 정도를 설정할 수 있고, 네 번째 Inlet은 도트의 모양을 부드럽게 하는 설정입니다. 0일 때는 smooth가 적용되지 않고 1일 때는 smooth가 적용이 됩니다.

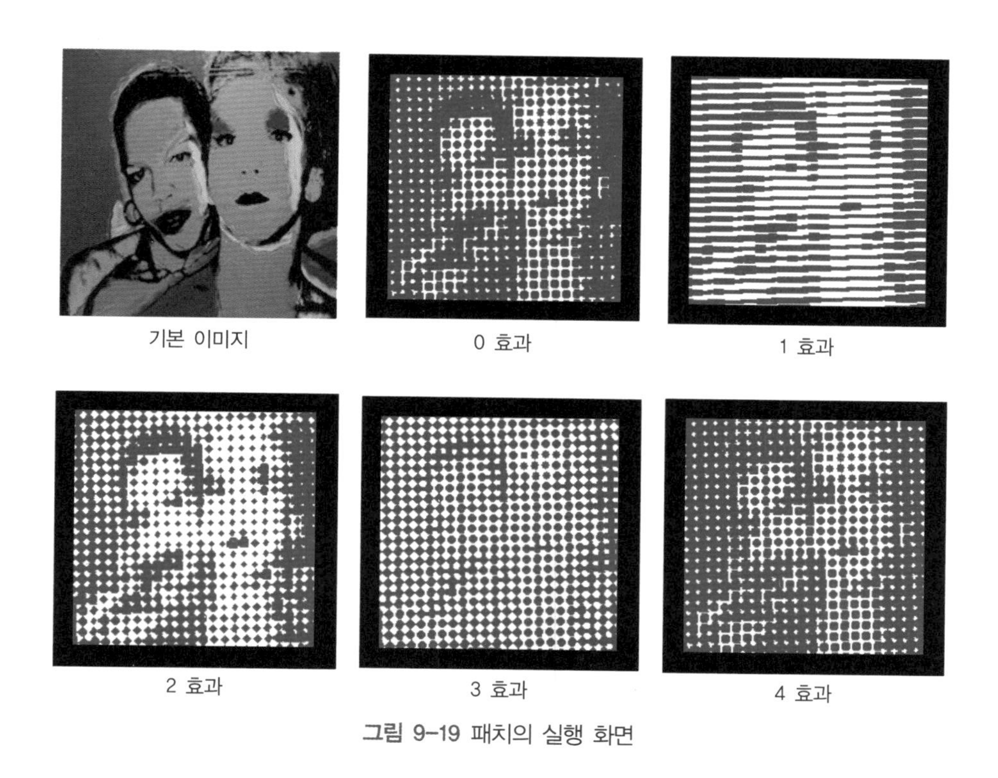

그림 9-19 패치의 실행 화면

6. [pix_refraction]

굴절이라는 뜻의 Refraction이라는 단어를 통해서 알 수 있듯이 [pix_refraction] 객체는 굴절 효과를 만들어냅니다. 이번에도 앞선 예제들과 마찬가지로 실습 패치를 따라서 만들어보고 여러 가지 설정 값들을 조절해가며 [pix_refraction] 객체에 대한 감을 잡아봅시다.

```
create, 1  0, destroy
gemwin

gemhead
pix_image p1.JPG
 7          32          2
 width $1   height $1   refract $1
pix_refraction
pix_texture
square 3
```

그림 9-20 [pix_refraction] 객체의 실습 패치

3개의 메시지 상자 이름을 통해서 알 수 있듯이 [width (는 좌우로 굴절이 되는 정도를, [height (는 위아래로 굴절이 되는 정도를 설정하게 되며, [refract (는 굴절 정도를 설정하게 됩니다.

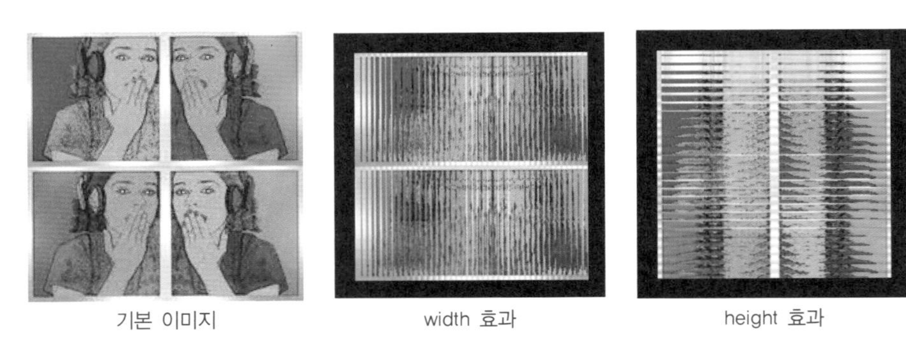

기본 이미지 width 효과 height 효과

그림 9-21 패치의 실행 화면

7. [pix_scanline]

[pix_scanline]은 이미지를 선으로 재구성해주는 객체입니다. 이미지를 가로로 조

각내서 보여주는 것이죠. 다음의 패치를 만들어서 실행한 후 [mode (와 연결된 토글을 켜고 [pix_scanline] 객체의 오른쪽 Inlet에 연결된 숫자상자 값을 조절하며 감을 익혀봅시다.

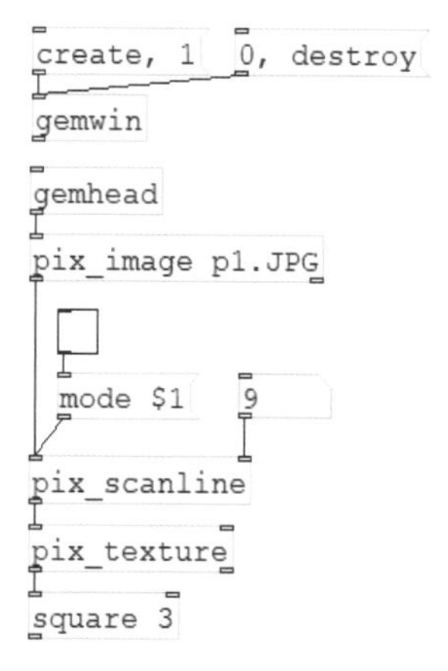

그림 9-22 [pix_scanline] 객체의 실습 패치

[mode $1 (과 연결된 토글의 스위치를 켜면 (혹은 mode 1이라는 메시지 상자를 입력하면) 마치 블라인드를 치는 듯한 이미지를 보여주게 되고, 토글의 스위치를 끄면 (혹은 mode 0이라는 메시지 상자를 입력하면) 조각낸 듯한 이미지를 보여주게 됨과 동시에 오른쪽 Inlet과 연결된 값은 조각난 각각의 라인 굵기를 조절하게 된답니다.

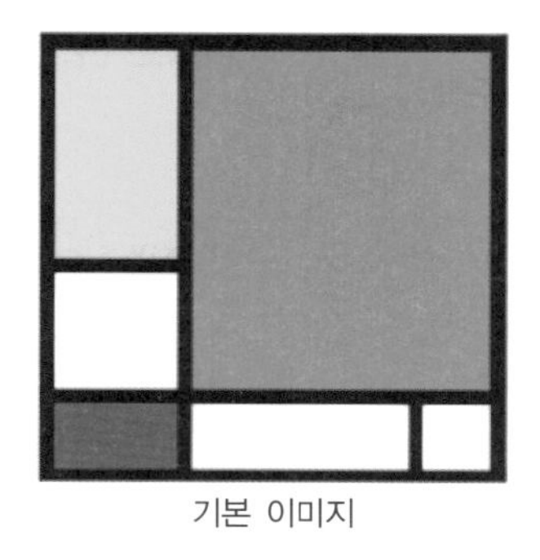

기본 이미지

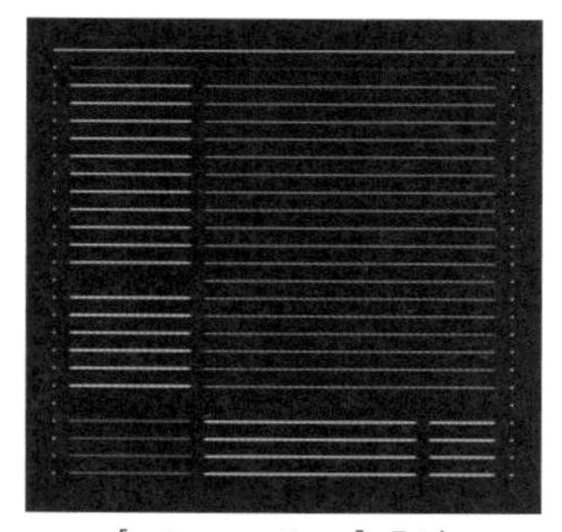

[pix_scanline] 효과

그림 9-23 패치의 실행 화면

:: 두 개의 이미지를 조합

지금까지는 하나의 이미지에 대하여 변형시키는 다양한 객체들에 대하여 간단하게 살펴보았습니다. 이제부터는 두 개의 이미지를 조합하는 다양한 방법에 대해서 살펴보도록 하겠습니다.

두 개의 이미지를 조합하는 객체를 사용할 때는 두 개의 이미지의 크기가 같아야 합니다.

1. [pix_mix]

이 객체는 두 개의 이미지를 섞는 역할을 합니다.

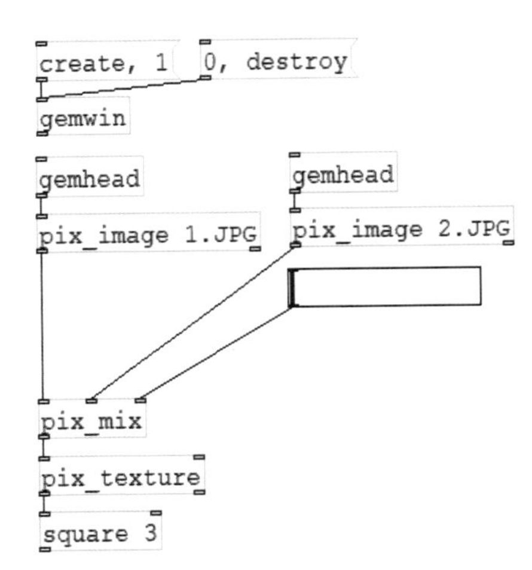

그림 9-24 [pix_mix] 객체의 실습 패치

그림 9-25 슬라이더의 움직임에 따른 결과 이미지의 변화(슬라이더 속성값 : 0~1)

같은 크기의 이미지 두 개를 준비하여 그림 9-24와 같이 패치를 구성합니다. [pix_mix] 객체의 첫 번째 Inlet에는 첫 번째 이미지를, 두 번째 Inlet에는 두 번째 이미지를, 세 번째 Inlet에는 0부터 1까지의 값을 만들어내는 가로 슬라이더를 연결합니다. 세 번째 Inlet의 값이 0에 가까우면 첫 번째 이미지가 강하게 나타나고 1에 가까우면 두 번째 이미지가 강하게 나타나게 됩니다.

2. [pix_diff]

[pix_diff]는 두 개의 이미지의 RGB 값의 차이를 만들어내는 객체입니다. 예를 들어 첫 번째 이미지와 두 번째 이미지의 픽셀 값이 다음과 같이 주어졌을 때 새로 만들어지는 픽셀 값을 표로 나타내면 다음과 같습니다.

	R	G	B	색
첫 번째 이미지	255	0	255	분홍색
두 번째 이미지	0	255	255	하늘색
만들어지는 이미지	255	255	0	노란색

참고로 검은색의 RGB 값은 (0, 0, 0)이고 흰색의 RGB 값은 (255, 255, 255)입니다. 두 이미지의 RGB 값의 차이가 새로운 이미지의 RGB 값이 됩니다.
위의 표에서 알 수 있듯이 두 이미지의 색이 비슷하면 그 성분은 줄어들게 되고 색이 차이가 나면 그 성분이 도드라지게 될 것입니다. 만약 두 가지 이미지 중 하나가 흰색이라면 [pix_diff]를 적용한 이미지는 반전된 이미지가 만들어지게 될 것입니다. 만약 반대로 두 가지 이미지 중 하나가 검은색이라면 [pix_diff]를 적용한 이미지는 원래의 이미지가 그대로 나타나게 됩니다.
그럼 패치를 만들어서 실험을 해보도록 하겠습니다.

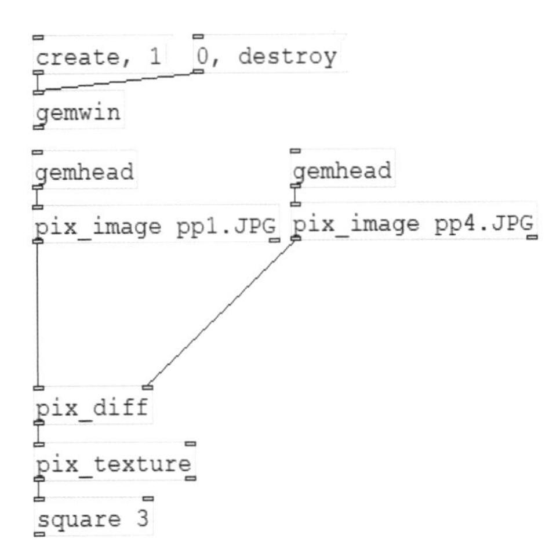

그림 9-26 [pix_diff] 객체의 실습 패치

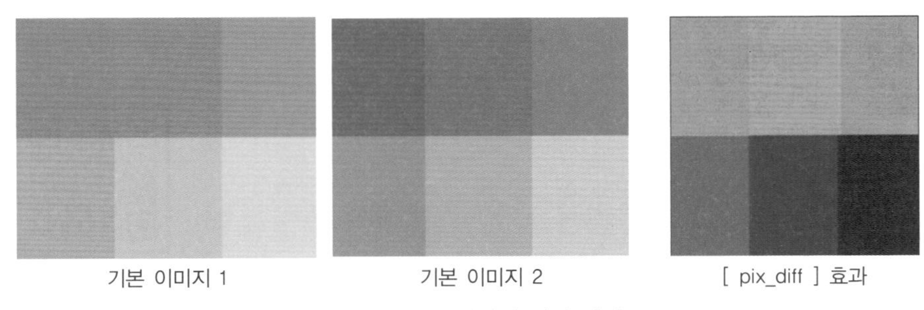

기본 이미지 1　　기본 이미지 2　　[pix_diff] 효과

그림 9-27 패치의 실행 화면

3. [pix_subtract]

[pix_subtract]는 [pix_diff]와 비슷한 듯 차이가 있습니다. [pix_diff]가 두 이미지의 색상 차이를 이용해서 새로운 이미지를 만든다면, [pix_subtract]는 첫 번째 이미지에서 두 번째 이미지의 색상 값을 뺀 값으로 새로운 이미지를 만듭니다. [pix_diff]에서 예로 들었던 표를 그대로 이용하여 새로 만들어지는 이미지의 색을 찾아보겠습니다.

	R	G	B	색
첫 번째 이미지	255	0	255	분홍색
두 번째 이미지	0	255	255	하늘색
[pix_subtract]	255	0	0	빨간색
[pix_diff]	255	255	0	노란색

[pix_diff]의 경우는 Green 성분의 차이가 255이기에 새로 만들어지는 이미지의 Green 성분도 255가 된 반면 [pix_subtract]에서는 0−255 = −255가 되어 Green 성분 값이 음수가 될 수 없기에 0이 되었습니다.

이제 [pix_diff]에서 사용했던 패치에서 [pix_diff]를 [pix_subtract]로 바꿔서 같은 이미지에 대해서 어떻게 다른 결과가 만들어지는지 경험해보도록 하겠습니다.

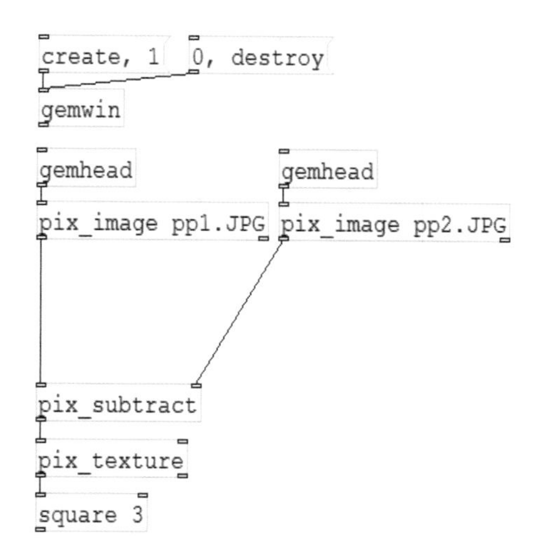

그림 9-28 [pix_subtract] 객체의 실습 패치

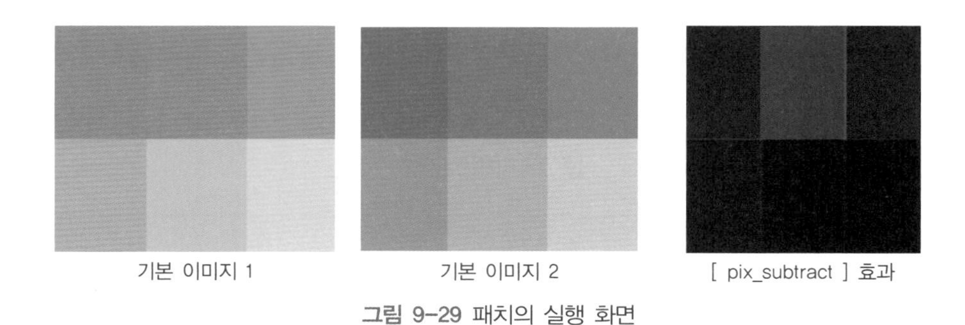

그림 9-29 패치의 실행 화면

4. [pix_multiply]

[pix_multiply]는 첫 번째 이미지와 두 번째 이미지의 RGB 색상 값을 각각 곱한 후 255로 나눈 값으로 새로운 이미지를 만들어냅니다. 다음과 같은 패치를 만든 후 여러 가지 이미지 파일에 적용하면서 이미지의 multiply에 대한 감을 익히는 것이 좋을 것입니다.

그림 9-30 [pix_multiply] 객체의 실습 패치

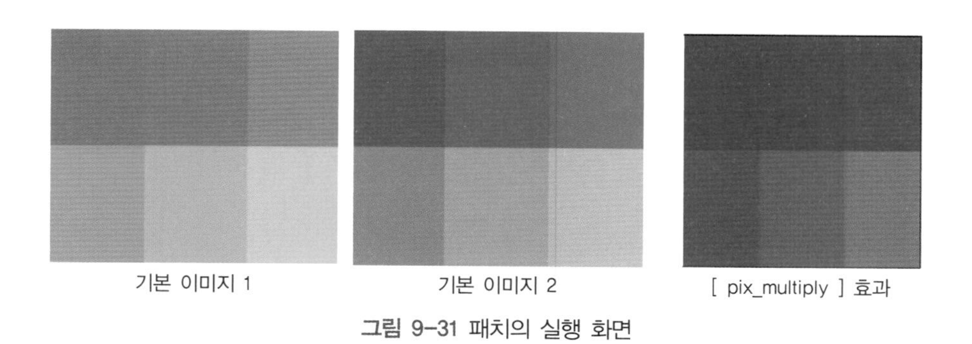

그림 9-31 패치의 실행 화면

이렇게 해서 이미지 파일을 불러오고 다양한 효과를 주는 방법에 대해서 알아보았습니다.

9.3 소리의 3요소로 이미지 제어하기

이미지를 변형할 수 있는 다양한 방법들을 학습하였기에 이번에는 이미지 객체들을 응용하여 소리의 3요소에 따라 여러 이미지를 한꺼번에 제어해보도록 하겠습니다.

먼저 각기 다른 10개의 이미지 파일을 준비합니다. 모든 이미지 파일들은 지금 만들 패치와 함께 같은 폴더에 위치하도록 해야 합니다.
준비가 되었다면, 그림 9-32와 같은 패치를 만들어봅시다.

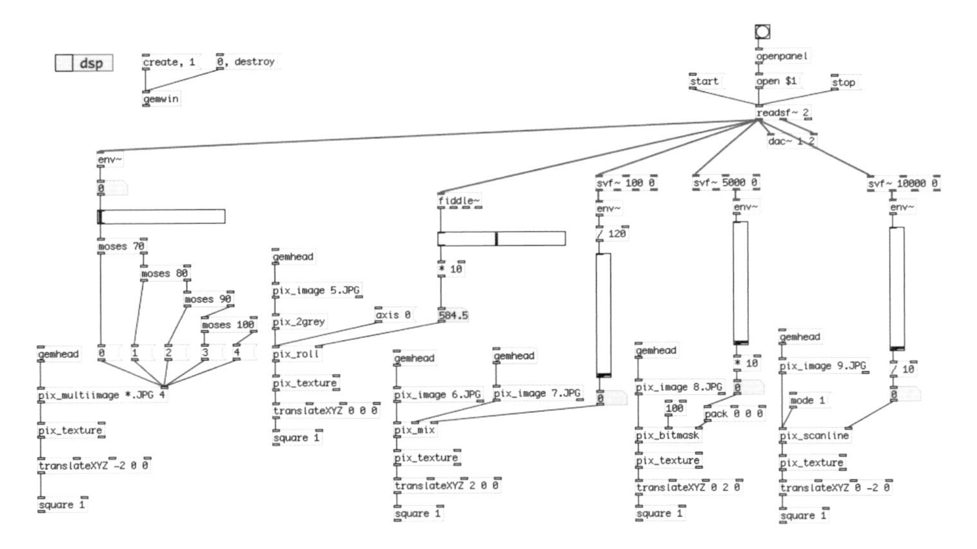

그림 9-32 소리 3요소에 의해 동시에 제어되는 10가지 이미지

다소 복잡해 보이는 그림 9-32 패치에는 앞서 살펴본 이미지에 효과를 주는 객체가 총 6가지가 사용되었고, 소리의 요소는 음량, 음고, 음색 3가지 전부를 이미지 제어에 사용하였습니다.
사용된 6가지 이미지 객체는 다음과 같습니다.
[pix_multiimage], [pix_2grey], [pix_roll], [pix_mix], [pix_bitmask], [pix_scanline]

먼저 첫 번째로는 [env~] 객체를 사용하여 뽑아낸 음량 값을 [moses]를 이용하여 70 미만 값은 이미지 파일 0 ([pix_multiimage] 객체의 오른쪽 Inlet과 연결된 메시지 상자)으로, 70<80은 이미지 파일 1로, 80<90은 이미지 파일 2로, 90<100은 이미지 파일 3으로, 100 이상은 이미지 파일 4로 보내어주었답니다.
그리고 이미지의 위치가 좌측에 놓이도록 [translateXYZ] 객체의 -2 0 0이라는 아규먼트를 써서 X축으로 -2만큼 이동하여 위치하도록 하였고요. 이미지 모양은 square로 보이도록 하였고, 크기는 1로 설정하였죠.
이렇게 하면 불러온 음악의 음량에 맞춰 5개의 이미지 파일(0.JPG / 1.JPG / 2.JPG / 3.JPG / 4.JPG)이 번갈아 보이게 됩니다.

두 번째로는 [fiddle~] 객체를 사용하여 뽑아낸 음고 값에 10을 곱해주어 0~1270 사이 값이 되도록 하였습니다. 그 이유는 그 값을 [pix_roll] 객체의 오른쪽 Inlet과 연결하여 이미지가 위아래 방향으로 움직임이 많이 보이도록 하기 위함입니다.
그리고 불러올 이미지 파일 5.JPG를 [pix_roll] 객체 이전에 [pix_2grey] 객체로 먼저 연결해주어 흑백으로 표현되도록 하였습니다.
또한 [pix_roll]의 첫 번째 Inlet에 [axis 0 (라는 메시지 상자를 연결해줌으로 위아래 방향으로만 움직이도록 설정했습니다. (참고로 좌우 방향은 [axis 1 (인 거 기억하시죠?)
이미지 모양은 마찬가지로 square로 보이도록 하였고, 크기는 1로 설정하였으며,

위치는 중앙에 오도록 [translateXYZ]의 아규먼트를 0 0 0으로 해주었습니다.
이렇게 하면 이미지 파일 5.JPG는 불러온 음악의 음고에 맞춰 이미지 파일이 흑백인 채로 위아래 방향으로 움직이는 효과를 보여줄 것입니다.

세 번째로는 음색으로 이미지를 제어하기 위해 [svf~ 100 0] 객체를 통해 뽑아낸 저음부(100Hz) 값을 [pix_mix] 객체의 제일 오른쪽 Inlet에 연결하였습니다. 이때 저음부 값에 120을 나누어준 이유는 [pix_mix]는 0~1 사이 값에 의해서만 이미지 오버랩(Overlap) 효과가 있기 때문입니다.
이미지 모양은 다른 것과 동일하게 square로 보이도록 하였고, 크기도 1로 설정하였으며, 위치는 우측에 오도록 [translateXYZ]의 아규먼트 X값을 2 0 0으로 차이를 주었습니다.
이렇게 하면 두 개의 이미지 파일 6.JPG와 7.JPG는 불러온 음악의 저음부에 맞춰 이미지 파일이 오버랩되며 섞이는 효과를 보여준답니다.

네 번째도 음색으로 이미지를 제어할 것입니다. [svf~ 5000 0] 객체를 통해 뽑아낸 중음부(5000Hz) 값에 10을 곱하여 그 값을 다시 [pix_bitmask] 객체의 세 번째 Inlet에 연결한 [pack 0 0 0]의 첫 번째 Inlet에 연결해주었죠. [pack 0 0 0]의 첫 번째 Inlet은 RGB의 Red 값으로써, 이미지 파일을 빨간색으로만 제어하기 위해서입니다.
또한 [pix_bitmask] 객체의 두 번째 Inlet은 앞서 설명했듯이 마치 선글라스의 밝기를 설정하는 것이기에 가장 밝게 표현되는 127에 가까운 100으로 값을 설정해주었습니다.
이미지 모양은 square로 하였고, 크기도 1로 설정하였으며, 위치는 중앙 위에 오도록 [translateXYZ]의 아규먼트 값을 0 2 0으로 해주었어요.
이렇게 하면 이미지 파일 8.JPG는 불러온 음악의 중음부에 맞춰 이미지 파일이 빨간색 선글라스를 쓰고 보는 듯한 효과를 보여주겠죠?

마지막 다섯 번째도 음색으로 이미지를 제어하기 위해 [svf~ 10000 0] 객체를 통해 뽑아낸 고음부(10000Hz) 값을 10으로 나누어주고 그 값을 다시 [pix_scanline] 객체의 오른쪽 Inlet에 연결하였습니다.

[pix_scanline]의 왼쪽 Inlet에는 [mode 1 (이라는 메시지 상자를 입력하여 블라인드를 치는 듯한 효과를 주도록 하였답니다. (참고로 [mode 0 (은 조각나는 듯한 효과를 주죠.)

이미지의 위치는 중앙 아래에 놓이도록 [translateXYZ] 객체의 0 -2 0이라는 아규먼트를 써서 Y축으로 -2만큼 이동하여 위치하도록 하였고요. 이미지 모양은 앞과 동일하도록 square로 하였고, 크기도 1로 설정하였습니다.

이제 이미지 파일 9.JPG는 불러온 음악의 고음부에 의해 이미지에 블라인드를 치는 듯하게 연출된답니다.

그림 9-33 패치의 실행 화면

이렇게 하여 우리는 음악 하나를 불러오면, 해당 음악의 음량, 음고, 음색에 따라 이미지 파일 10개가 동시에 제어되는 패치를 만들어보았습니다.

10장으로 넘어가기에 앞서 그림 9-32 패치에서 사용되지 않은 다른 이미지 객체들을 이용하여 소리의 3요소로 이미지를 다양하게 제어해보시기 바랍니다.

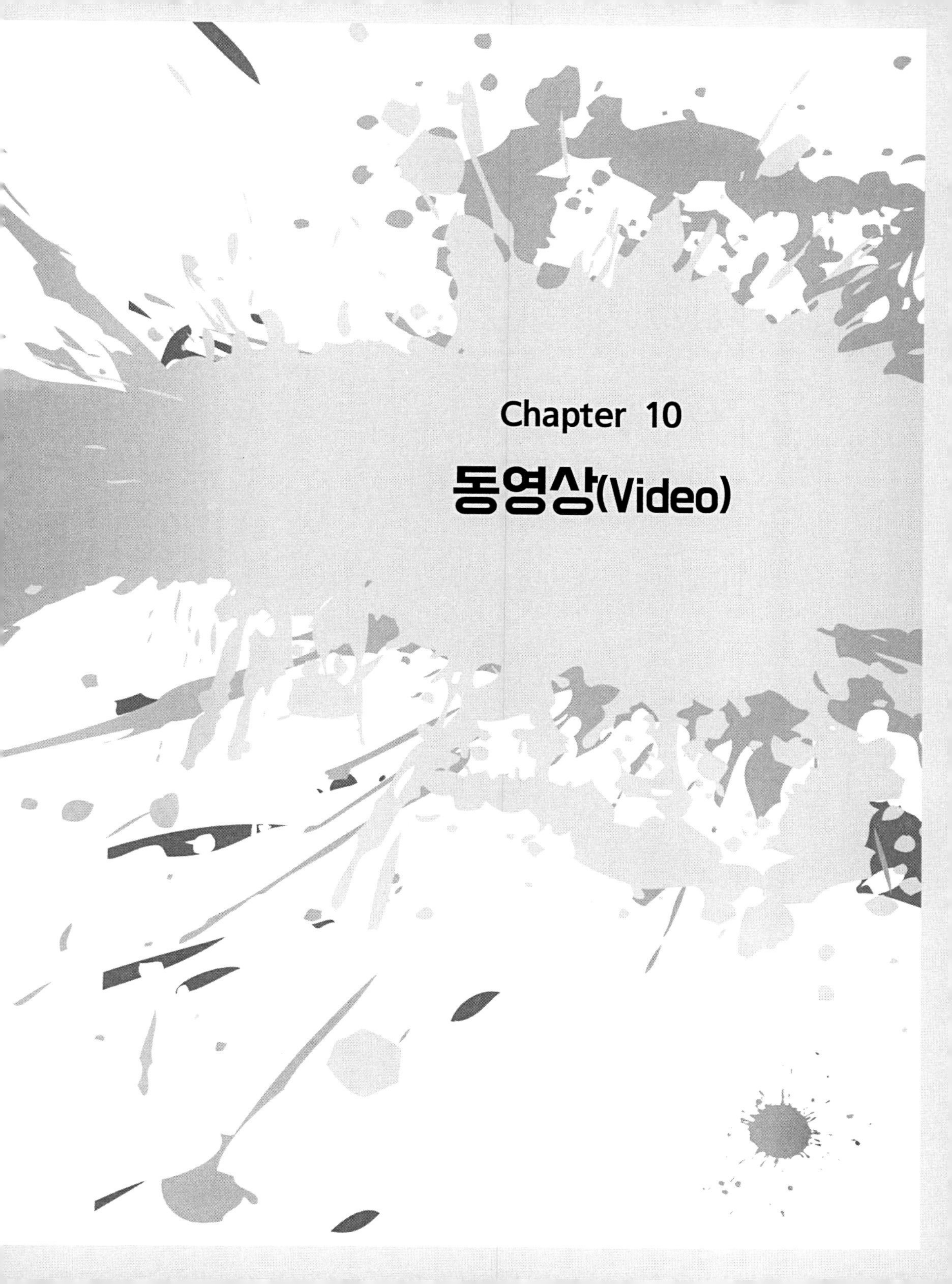

Chapter 10

동영상(Video)

Chapter
10 동영상(Video)

9장에서는 이미지 파일을 불러오고 다양한 효과를 주는 방법들에 대해서 알아보았습니다. 이번 장에서는 동영상 파일을 불러오고 사용하는 방법에 대해서 알아보고자 합니다.

이미 눈치를 채신 분도 계시겠지만 이미지 파일을 다룰 때 사용했던 객체들의 이름 앞에 모두 pix라고 하는 접두어가 붙어 있었는데요. 이것은 그림을 다루는 객체임을 의미하는 것입니다. (Pictures를 PICs라고 줄여서 쓰기도 하는데요. 이것을 소리 나는 대로 읽은 것이 PIX입니다.)
동영상도 마찬가지로 여러 장의 그림이 모여 있는 것이기에 pix 계열의 객체들을 사용합니다. 다시 말해서 9장에서 다뤘던 객체들을 적용할 수 있다는 것을 의미하기도 합니다.

동영상을 불러오는 방법은 크게 3가지인데요. [pix_film]이나 [pix_movie]라는 객체를 사용하여 동영상 파일을 불러오는 방법과 [pix_video]라는 객체를 이용하여 컴퓨터와 연결되어 있는 비디오카메라를 통해 영상을 불러오는 방법입니다.

10.1 기존의 동영상 파일을 불러오는 법

[pix_film]의 개념은 [pix_image]와 거의 같습니다. [pix_film]을 이용해서 동영상 파일을 불러오고 [pix_texture]를 통해 일종의 시트지를 만듭니다. 그리고 마지막으로 시트지를 붙일 대상을 정해주면 그 대상에 동영상이 투영됩니다. 패치로 구성하면 다음과 같습니다.

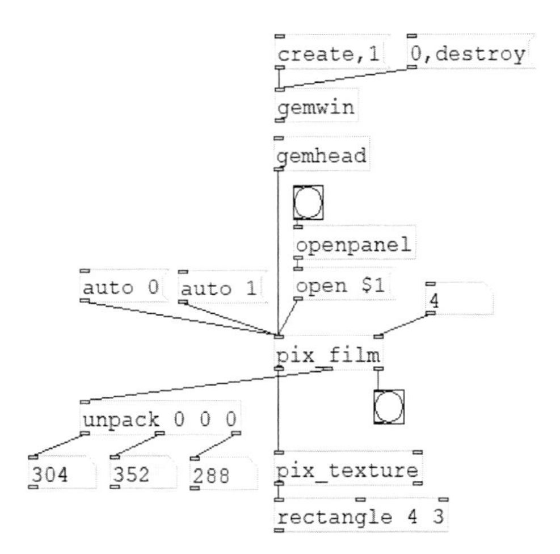

그림 10-1 [pix_film]을 이용하여 동영상 불러오기

[pix_film]도 [pix_image]와 같이 첫 번째 Inlet에서 파일을 선택하여 동영상을 불러오면 됩니다. 그림 10-1과 같이 [openpanel]을 이용하여 파일을 직접 선택하는 방법도 있고 [open (이라는 메시지 상자를 이용하여 파일 이름을 직접 지정할 수도 있습니다. 또는 [pix_film]의 아규먼트로 파일 이름을 지정할 수도 있습니다. 이 경우 이미지를 불러왔을 때와 마찬가지로 Pd 패치와 동영상 파일을 같은 폴더에 위치시키면 좀 더 편하게 작업할 수 있습니다. (만약 Pd 패치와 동영상 파일이 다른 폴더에 위치하고 있다면 [open (메시지 상자나 아규먼트에 폴더 위치까지 지정을 해주어야 하기 때문에 조금 불편할 수 있습니다.

[pix_film]의 첫 번째 Inlet에 연결되어 있는 [auto (메시지는 파일을 불러오면서 자동으로 동영상이 재생될 것인지 여부를 설정하는 것입니다. [auto (가 1이면 동영상 파일을 불러오는 순간 자동으로 재생이 되며 [auto 0 (으로 설정이 되어 있다면 자동으로 재생되지 않습니다.

두 번째 Inlet은 불러온 동영상의 재생할 시작점을 설정하게 됩니다. 이 재생 시점은 프레임 단위로 설정할 수 있습니다. 불러온 동영상이 몇 개의 프레임으로 구성이 되어 있는지는 [pix_film]의 두 번째 Outlet를 통해서 확인할 수 있는데요. 그림 10-1에서 보면 두 번째 Outlet에 [unpack]을 통해서 3개의 데이터를 추출할 수 있습니다. 3개의 데이터는 각각 전체 프레임수, 너비, 높이에 대한 정보로써 그림 10-1의 경우는 304프레임, 너비 352픽셀, 높이 288픽셀로 구성된 동영상임을 알 수 있습니다. 따라서 두 번째 Inlet은 0부터 304까지의 값으로 이동이 가능합니다.

[pix_film]의 세 번째 Outlet은 동영상의 마지막 프레임에 도달하였을 때 만들어지는 뱅입니다. 이 신호를 이용하여 동영상이 끝났을 때 동영상을 반복해서 재생하거나 또는 다음 동영상을 선택하여 재생하는 등의 동작을 시킬 수 있습니다. 동영상을 반복재생하고자 하는 경우는 다음과 같이 패치를 구현하면 됩니다.

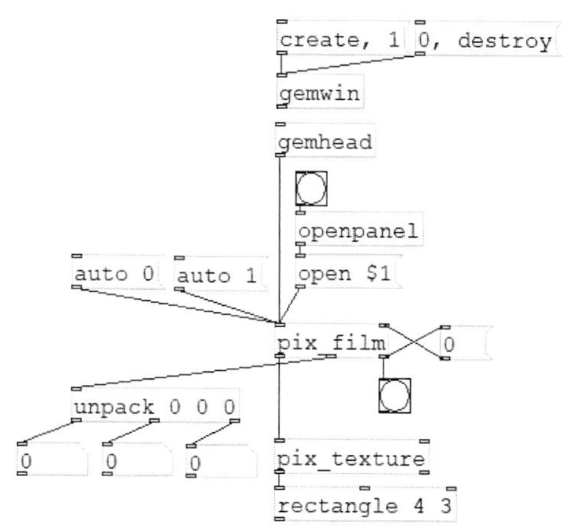

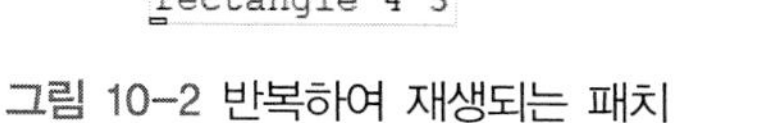
그림 10-2 반복하여 재생되는 패치

그림 10-2와 같이 패치를 꾸미면 동영상의 마지막 프레임에 도달하였을 때 [pix_film]의 세 번째 Outlet에서 뱅이 출력되고 그 뱅은 [0 (이라는 메시지 상자를 활성화시켜서 [pix_film]의 두 번째 Inlet의 값을 0, 즉 시작점으로 되돌리게 됩니다. 따라서 동영상이 반복하여 재생되는 것입니다. (이때 [auto (는 1이 선택되어 있어야 합니다.) [pix_film]와 [pix_texture], 그리고 [rectangle 4 3]으로 연결한 것은 [pix_image]와 같다는 것을 알 수 있습니다.

반면 [pix_movie]는 [pix_texture]를 거치지 않고 바로 대상과 연결을 하여 사용할 수 있는 객체입니다. 그림 10-3의 패치는 [pix_movie] 객체를 이용하여 동영상을 불러오는 패치인데요. 그림 10-1과 비교하여 확인해보시기 바랍니다.

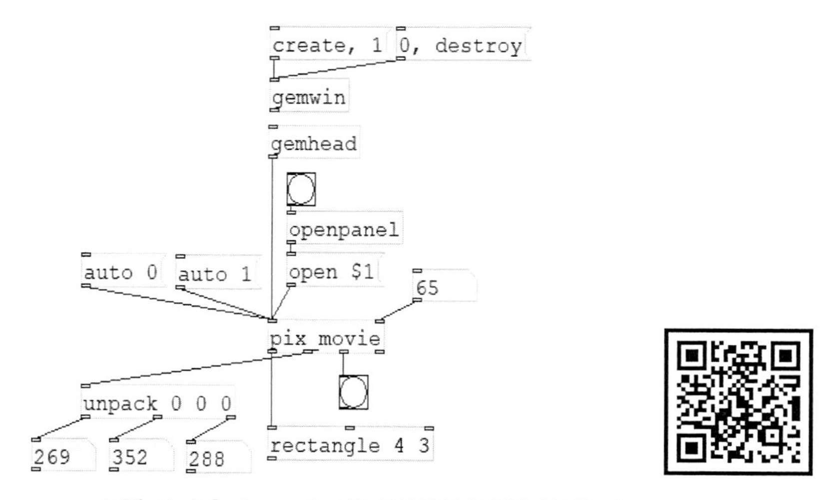

그림 10-3 [pix_movie]를 이용하여 동영상 불러오기

그림 10-1과 그림 10-3을 비교해보면 대상체(이 예제에서는 [rectangle 4 3]) 앞에 [pix_texture]가 있는가 없는가의 차이일 뿐 사용법까지 모두 동일합니다. 다만 [pix_texture]를 사용하지 않지 때문에 다양한 효과를 주는 데에는 제약이

있습니다. 가령 동영상을 흑백영상으로 만들고 싶다고 한다면 9장에서 다뤘던 [pix_2grey] 객체를 다음과 같이 사용하면 됩니다.

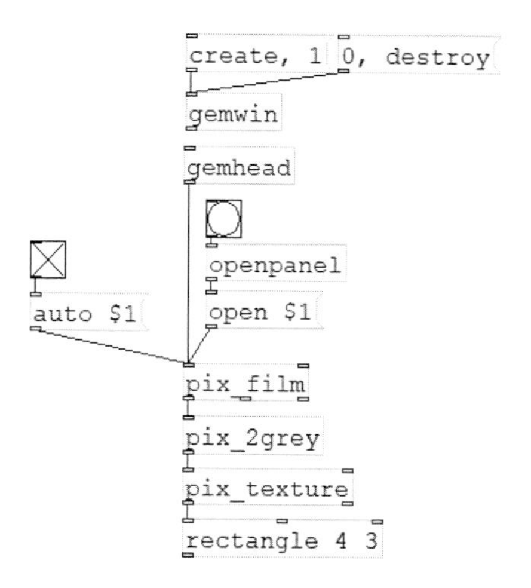

그림 10-4 동영상을 흑백으로 만드는 패치

패치를 실행한 후, 원하는 동영상 파일을 불러오면 그림 10-5와 같이 불러온 동영상이 흑백으로 변하여 보이게 됩니다.

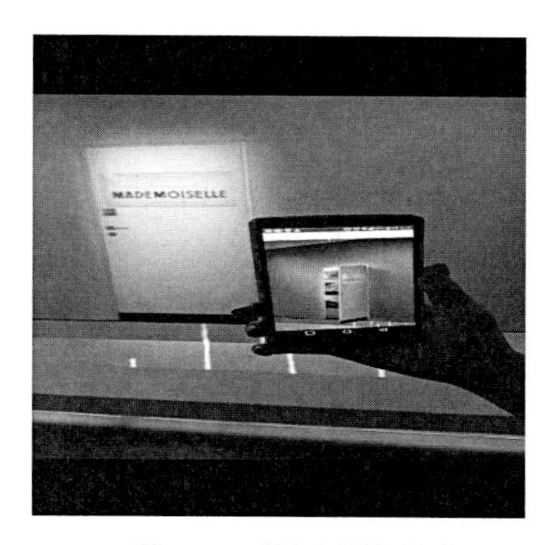

그림 10-5 패치의 실행 화면

지금까지의 패치와 지난 9장에서 다뤘던 [pix_mix] 객체를 활용하면 두 개의 동영상을 믹스하여 재생할 수 있습니다. 이때 선택되는 두 개의 동영상 파일의 화면크기는 같아야 하고 슬라이더의 값은 0부터 1까지 움직이게 하면 됩니다.

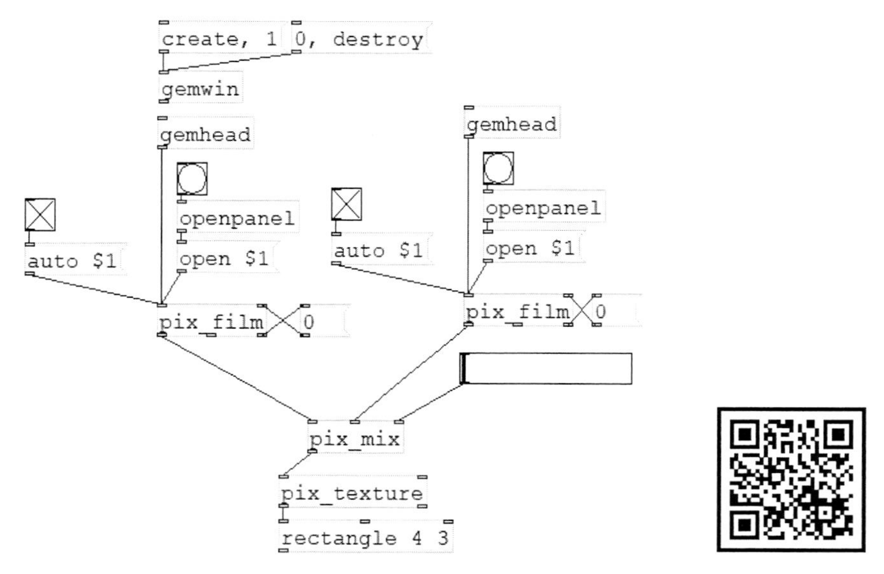

그림 10-6 두 개의 동영상 믹싱해서 출력하기

여기서 슬라이더를 대신하여 음악의 요소 한 가지를 할당하게 되면 음악에 따라서 두 개의 영상이 교차하며 재생되는 효과를 만들어낼 수 있습니다.

그런데 실제로 소리를 시각화하는 경우, [auto (메시지를 이용한 자동 재생보다는 프레임 단위로 조작을 하는 방법을 많이 사용하게 됩니다. 그래서 이번에는 프레임 단위로 조작을 하는 방법에 대해서 알아보도록 하겠습니다.

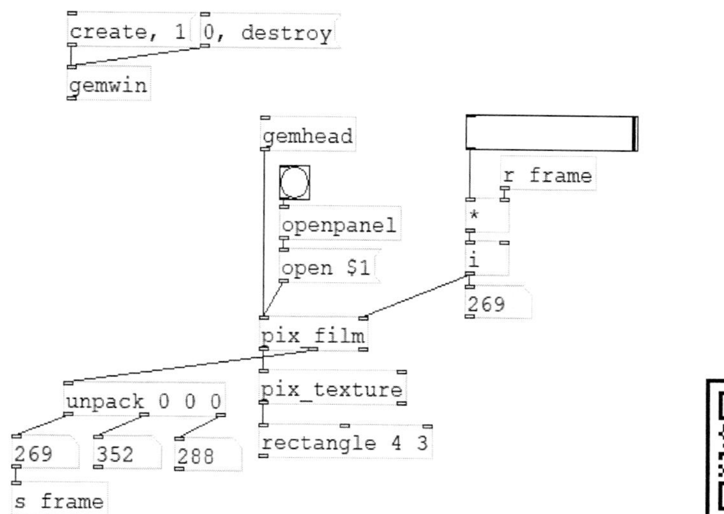

그림 10-7 프레임 단위로 동영상을 조작하는 예제

위의 예에서 가로 슬라이더의 속성에서 최댓값은 1로 설정하였습니다. 따라서 가로 슬라이더는 0부터 1까지의 값을 만들어내게 되며 그 값에 프레임 값을 곱해서 0부터 269까지의 값으로 변하게 됩니다. 그런데 프레임이 정수 값을 사용하기 때문에 위에서 만들어진 실수 값을 정수 값으로 바꾸는 [i]라는 객체를 연결하였습니다. (i는 정수, 즉 integer를 의미합니다.)

이제 패치를 실행하고 슬라이더를 움직이면 동영상의 프레임이 움직이는 것을 확인할 수 있습니다.

간혹 뮤직 비디오에서 음악의 속도감에 따라 영상의 빠르기도 함께 변하는 기법은 아주 고전적이고도 흔한 방법 중 하나입니다. 이번에는 이 기법을 구현해보도록 하겠습니다. 기본적으로는 그림 10-7의 패치를 사용하도록 합니다.

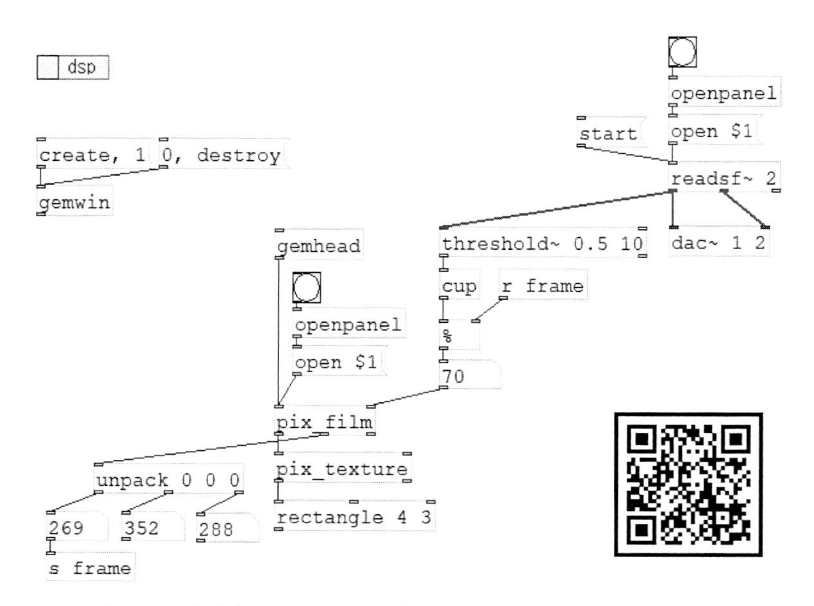

그림 10-8 음악의 빠르기에 따라서 동영상 재생 속도를 조절하는 패치

그림 10-7의 예제에서 바뀐 부분은 슬라이더 대신 음악을 불러오는 부분이 추가되었고 오디오 신호 중 한 채널로부터 [threshold~]라는 객체를 통해서 동영상의 프레임을 제어하고 있다는 것입니다.

[threshold~] 객체는 오디오 신호에서 일정한 크기 이상의 신호가 일정한 시간 이상 지속되었을 때 뱅을 내보내는 객체입니다. 여기서는 0.5의 크기 이상이 10ms 이상 지속되었을 때 뱅이 내보내지도록 설정하였습니다. 여러분은 여러분의 음악에 따라 이 값을 조정해보기 바랍니다. ([readsf~] 객체를 통하여 만들어지는 신호는 0부터 1까지의 크기를 갖습니다.)
뱅이 만들어질 때마다 [cup] 객체가 카운트를 하나씩 올리고 그 값을 모듈로(Modulo) 연산(%, 모듈로 연산은 오른쪽 Inlet의 값으로 나눈 나머지 값을 만들어주는 연산입니다.)을 통해서 0부터 프레임보다 1 작은 값만큼이 반복됩니다. 따라서 음악의 속도감이 있으면 영상이 빠르게 재생되고 속도감이 느리면 영상은 느리게 재생됩니다.

10.2 카메라를 이용하여 실시간으로 영상을 받아오는 방법

이제 마지막으로 컴퓨터와 연결된 카메라를 통해서 영상을 가져 오는 방법에 대해서 설명하도록 하겠습니다.

[pix_video]는 앞서 다뤘던 [pix_film]과 같이 사용하면 됩니다. 대개는 패치를 만들고 실행하는 순간 컴퓨터와 연결된 카메라를 통해서 찍힌 영상이 GEM 윈도우에 나타나게 됩니다.

패치는 다음과 같습니다.

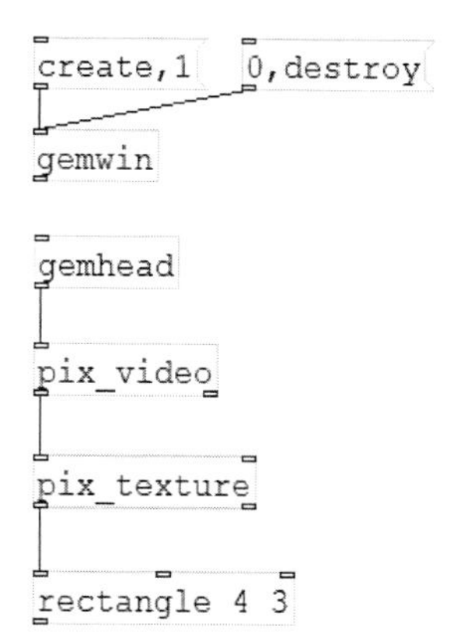

그림 10-9 [pix_video] 객체를 이용한 카메라의 사용

대개의 경우는 그림 10-9와 같이 패치를 구성하고 실행을 하면 GEM 윈도우에 카메라에 찍힌 영상이 나타나게 됩니다. 하지만 컴퓨터에 연결되어 있는 카메라가 여러 대 있어서 카메라를 선택해야 하는 등의 경우가 발생하기도 합니다. 이때는 다음과 같이 패치를 수정하여 내 컴퓨터에 연결된 카메라의 정보를 가져오거나 여러 대의 카메라 중에서 카메라를 선택할 수도 있을 것입니다.

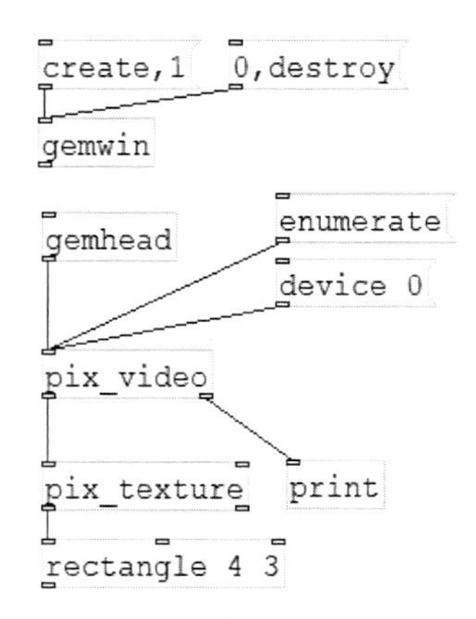

그림 10-10 카메라의 정보를 읽어오는 패치

그림 10-10과 같이 [pix_video] 객체의 첫 번째 Inlet에 [enumerate (메시지 상자를 연결하고 [pix_video] 객체의 두 번째 Outlet에 [print] 객체를 연결한 후 [enumerate (메시지 상자를 클릭하면 Pd의 콘솔 창에 컴퓨터와 연결되어 있는 카메라에 대한 정보를 출력해줍니다. ([print] 객체는 콘솔 창에 무엇인가를 출력해주는 명령입니다.)

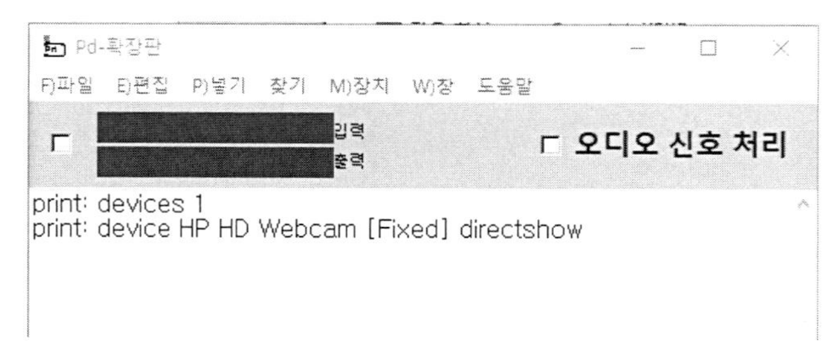

그림 10-11 [print] 객체를 통하여 콘솔 창에 출력된 카메라 정보

저의 경우는 그림 10-11과 같이 한 개의 카메라가 연결되어 있고 HP의 HD Webcam 이라는 모델이 연결되어 있다는 정보를 보여주고 있습니다.

만약 여러 개의 카메라가 연결되어 있다면 [device (라는 메시지 상자를 이용하여 특정한 카메라를 선택할 수 있는데요. 한 가지 주의할 것은 콘솔 창에 보인 device 번호는 1번부터 번호를 세고 메시지 상자에서는 0번부터 device 번호를 세기 때문에 콘솔 창에 출력된 device 번호에서 1을 빼줘야 한다는 것입니다. 그래서 그림 10-10에 보면 [device 0 (이라는 메시지 상자를 이용하여 카메라를 선택할 수 있도록 패치를 만들어놓은 것을 확인할 수 있습니다. (하지만 여기서는 카메라가 한 대밖에 없기 때문에 굳이 [device (메시지 상자를 이용하여 카메라를 선택할 필요는 없습니다.)

이렇게 해서 동영상을 불러오는 다양한 방법을 다뤄봤습니다.

참고 [pix_video] 객체는 최신 맥 OS(10.13 High Sierra)에서 정상적으로 동작하지 않는다고 보고되었습니다.

10.3 소리의 3요소로 동영상 제어하기

동영상에 적용할 수 있는 다양한 효과는 9장에서 이미지와 함께 이미 다뤘습니다. 그 효과를 동영상에서도 동일하게 적용할 수 있으므로, 소리의 3요소를 이용하여 여러 동영상을 동시에 제어해볼까 합니다.

동영상들이 한데 어우러져 입체도형의 형태로 만들어지면 어떨까요?
이전에 사용하였던 패치들을 응용하여 정육면체 형태의 도형을 만들고, 보이는 3면에 각각의 동영상을 불러와 시트지를 붙이듯 투영하는 패치를 만들어보도록 하겠습니다.

우선 각기 다른 3개의 동영상을 준비하도록 합니다.
준비가 되었다면, 그림 10-12와 같은 패치를 만들어봅시다.

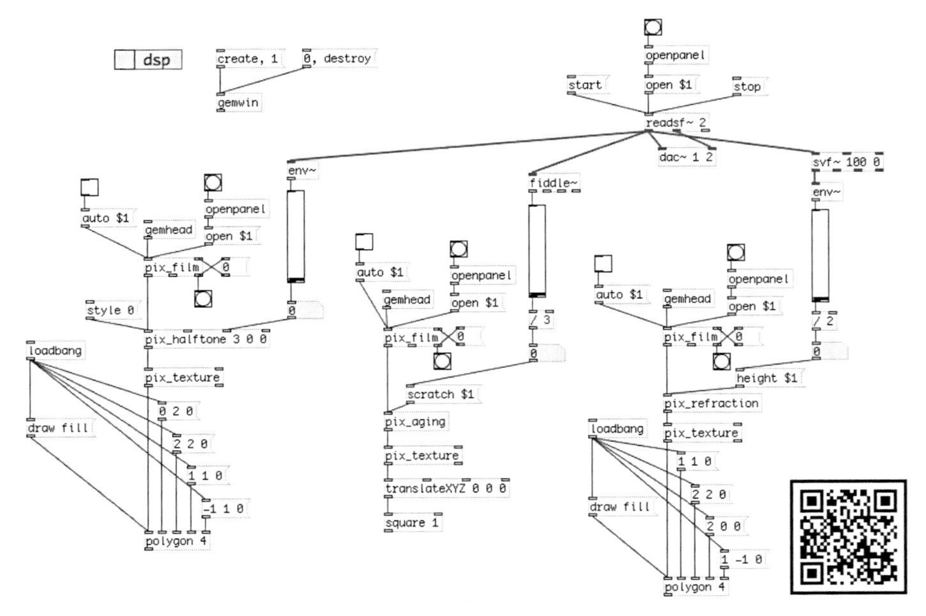

그림 10-12 정육면체 3면에 각기 다른 동영상을 불러와 소리의 3요소로 동시에 제어하기

그림 10-12에서 사용된 패치들을 설명하자면, 먼저 정육면체의 형태로 보이기 위해서 정면의 정사각형과 더불어 정육면체의 윗면이 될 마름모 사각형, 그리고 오른쪽 옆면이 될 마름모 사각형까지 총 3개의 면을 만들었습니다.

정면의 정사각형은 [square] 객체와 함께 크기 값은 1로 설정하였고, 도형의 위치는 [translateXYZ] 객체에 아규먼트 값을 0 0 0으로 지정하여 중앙에 위치하도록 하였습니다.
그리고 이 면에 불러올 동영상을 음고로 제어하기 위해 [fiddle~] 객체를 사용하였으며, 동영상에는 [pix_aging]을 이용해 오래된 영상처럼 보이도록 효과를 주었습니다. [pix_aging]은 dust, pits, coloraging, scratch의 4가지 효과가 있지만 이 패치에는 스크래치가 난 것 같이 만들어주는 [scratch $1 (의 메시지 상자를 입력하였습니다.
[fiddle~]로 뽑아낸 음고 값에 3을 나누어 그 값을 [scratch $1 (의 Inlet에 연결하여 음고에 따라 동영상에 생기는 스크래치 효과의 빈도가 조절되도록 만든 것입니다.

두 번째로 정육면체의 윗면이 될 마름모꼴의 사각형은 [polygon 4] 객체를 이용하였습니다. [0 2 0 (, [2 2 0 (, [1 1 0 (, [-1 1 0 (이라는 4개의 메시지 상자를 입력하여 마름모의 4개의 꼭지점 위치를 설정하여 면이 되도록 [draw fill (메시지 상자를 [polygon 4] 첫 번째 Inlet에 함께 연결해주었습니다.
윗면에 불러올 동영상은 음량으로 제어하기 위해 이제는 너무도 익숙한 [env~] 객체를 이용하였고 이 동영상에는 [pix_halftone] 객체를 통해 영상에 도트들이 생기도록 효과를 주었습니다.
이때 여러 도트 효과 중에 [style 0 (이라는 메시지 상자를 [pix_halftone] 첫 번째 Inlet에 입력하여 점선으로 연결된 도트 모양이 되도록 해주었습니다. 아규먼트 값을 3 0 0으로 한 이유는 초깃값을 도트 크기는 3, 기울기는 0, 부드러운 정도도 적용되지 않도록 0으로 설정하기 위해서입니다.

이제 [env~]로 뽑아낸 음량 값을 [pix_halftone]의 세 번째 Inlet에 연결하면, 음량에 따라 동영상에 생기는 점선으로 된 도트들의 기울기 값이 조절되는 화면이 연출되겠죠.

세 번째로 정육면체의 오른쪽 옆면이 될 마름모 사각형 역시 [polygon 4] 객체를 이용하였습니다. X, Y, Z축을 계산하여 [1 1 0 (, [2 2 0 (, [2 0 0 (, [1 -1 0 (이라는 4개의 메시지 상자를 통해 마름모 형태를 갖춰주었습니다.
옆면에 불러올 동영상은 음색으로 제어하기 위해 [svf~ 100 0] 객체로 저음부 (100Hz)만 추출하여 그 값에 2를 나누어 [pix_refraction] 객체의 연결된 [height $1 (의 Inlet에 연결하였답니다.
[pix_refraction] 객체를 사용한 것은 동영상에 굴절 효과를 주기 위함이고요.
[height $1] 메시지 상자를 입력해준 것은 불러온 음악의 저음부에 따라 동영상이 위아래로 굴절되는 정도를 제어하기 위해서입니다.

세 개의 면에 각기 다른 동영상을 불러오기 위해 세 곳 모두 [openpanel] 객체를 사용하였지만, 경로 선택 없이 바로 동영상을 불러오길 원한다면 사용된 [pix_film] 객체마다 원하는 영상 파일명을 함께 입력해주어도 됩니다.
그리고 동영상이 반복 재생되기 위해 앞서 배운 대로 [pix_film] 객체 세 번째 Outlet을 [0 (메시지 상자의 Inlet으로 연결하고, 반대로 [0 (메시지 상자의 Outlet은 [pix_film] 객체의 두 번째 Inlet으로 연결해주는 것과 동시에 [pix_film] 객체의 세 번째 Outlet에 뱅도 함께 연결하였습니다.

패치가 완성되었다면, 실행 모드로 전환하여 볼까요?
[create, 1 (을 눌러 GEM 윈도우 창을 열면 다음 그림 10-13과 같은 도형이 생성된답니다.

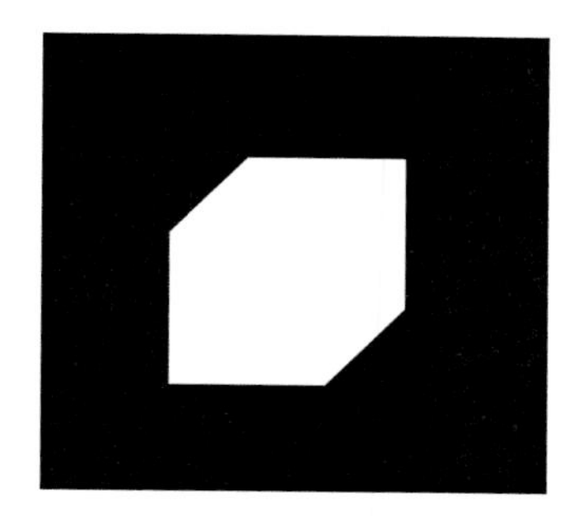

그림 10-13 패치의 실행 모드 첫 화면

그럼 이제 각 면에 [auto $1 (메시지 상자와 연결된 토글을 켜고, 각기 다른 동영상 세 개와 원하는 음악을 하나 불러와보세요.

세 개의 동영상이 어우러져 정육면체 형태를 띤 채로 음악의 음량, 음고, 음색에 따라 각각의 동영상에 생기는 효과가 제어되는 것을 볼 수 있답니다.
그림 10-14와 같은 화면이 보이겠네요.

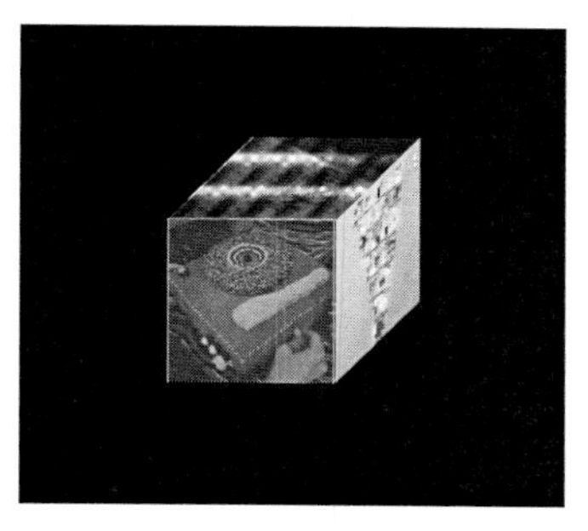

그림 10-14 패치에 동영상과 음악을 불러온 화면

이렇게 해서 10장에서는 동영상을 불러오고 효과를 주는 방법과 소리 요소를 통해 불러온 동영상을 제어하는 방법에 대해 알아보았습니다. 다음 장으로 넘어가기에 앞서 다양한 아이디어를 만들고 실험해보길 권합니다.

Chapter 11

리사주 도형(Lissajous Figure)

Chapter 11 리사주 도형(Lissajous Figure)

음악(소리)과 물리학(수학)은 참으로 많은 연관성을 가지고 있습니다. 4장에서 다뤘던 푸리에 변환(Fourier Transform)을 만들어낸 푸리에(Jean-Baptiste Joseph Fourier, 1768~1830)가 물리학자이자 수학자였고, 음계 이야기를 할 때마다 제일 먼저 등장하는 피타고라스 역시 물리학자이자 수학자였으며, 메르센 소수로 유명한 물리학자이자 수학자인 메르센(Marin Mersenne, 1588~1648)이 화성학책을 저술했다는 점이나, 세상에서 가장 아름다운 공식이라고 불리는 오일러 공식을 만든 오일러(Leonhard Euler, 1707~1783)가 음악이론서를 썼다는 점은 이런 연관성을 뒷받침하고 있는 듯합니다. (이 글을 쓰고 있는 저 역시 학부에서의 전공이 물리학이었습니다.)

피타고라스 이후 많은 물리학자와 수학자들은 음악이나 소리를 기하학적으로 표현하는 데 많은 관심을 가지고 있었습니다. 그 대표적인 인물이 프랑스의 물리학자이자 수학자인 쥘 리사주(Jules Antonio Lissajous, 1822~1880)입니다. 리사주는 그가 고안해낸 장치를 이용하여 두 개의 소리굽쇠에서 만들어진 진동(소리)을 도형으로 표현해내었는데 이것을 리사주 도형이라고 합니다.

여기서 중요한 것은 두 개의 소리로부터 하나의 도형을 만들어낸다는 것입니다.

리사주가 사용한 소리굽쇠는 정현파(사인파)에 가까운 소리를 만들어내는데, 정현파는 기하학적으로 다음과 같이 표현이 됩니다.

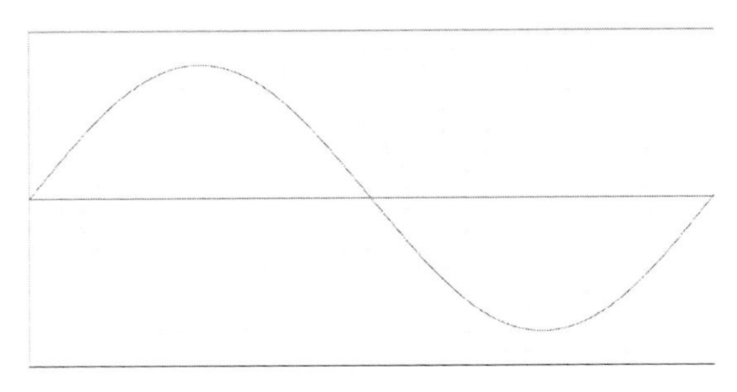

그림 11-1 정현파(사인파)의 모습

그림 11-1에서 가로축은 시간의 흐름을 나타내며 세로축은 시간의 흐름에 따른 진폭의 변화를 나타냅니다. 이 그림을 통해서 우리는 시간의 흐름에 따른 사인파의 모습을 볼 수 있지만 실제 세상에서는 시간의 흐름을 눈으로 확인할 수 있는 것이 아니기에 진폭의 변화만을 확인할 수 있게 됩니다. 그래서 진폭의 변화를 확인하면 하나의 점이 위아래로 진동하는 것을 보게 될 것입니다. (이를 정사영이라고 부르기도 합니다.)

이를 확인하기 위하여 다음과 같은 패치를 구성합니다.

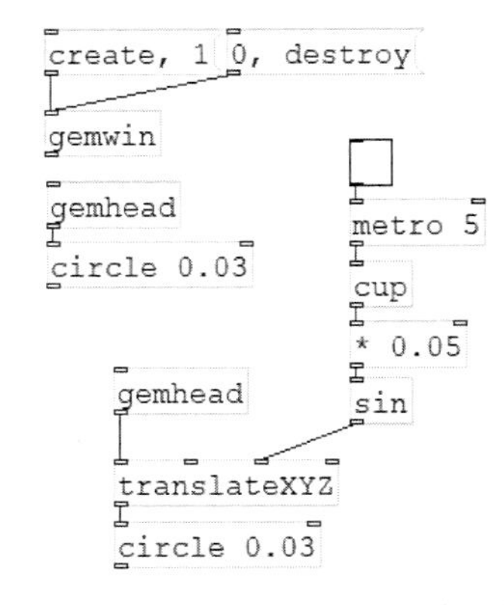

그림 11-2 정현파(사인파)의 정사영을 보기 위한 패치

위의 패치에서 [gemhead] → [circle 0.03]은 중심점을 표시하기 위해서 만든 것이고요. [metro] 객체를 이용하여 5ms(0.05초)에 한 번씩 카운트가 올라가도록 하였습니다. 그리고 카운트 값에 0.05를 곱하여 사인을 취하고 있습니다. 그리고 그 값을 Y축에 표시하게 하였습니다.

그림 11-2 패치를 실행하여, 토글을 켠 GEM 윈도우의 모습은 다음과 같습니다.

그림 11-3 패치의 실행 화면

카운트가 올라갈 때마다 sin 값(Y의 위치)이 어떻게 변화하는지 다음의 표를 통하여 확인해보겠습니다.

cup 값	sin 값	cup 값	sin 값	cup 값	sin 값	cup 값	sin 값
0.05	0.049979169	1.05	0.867423	2.05	0.887362	3.05	0.091465
0.1	0.099833417	1.1	0.891207	2.1	0.863209	3.1	0.041581
0.15	0.149438132	1.15	0.912764	2.15	0.836899	3.15	−0.00841
0.2	0.198669331	1.2	0.932039	2.2	0.808496	3.2	−0.05837
0.25	0.247403959	1.25	0.948985	2.25	0.778073	3.25	−0.1082
0.3	0.295520207	1.3	0.963558	2.3	0.745705	3.3	−0.15775
0.35	0.342897807	1.35	0.975723	2.35	0.711473	3.35	−0.2069
0.4	0.389418342	1.4	0.98545	2.4	0.675463	3.4	−0.25554

(계속)

cup 값	sin 값	cup 값	sin 값	cup 값	sin 값	cup 값	sin 값
0.45	0.434965534	1.45	0.992713	2.45	0.637765	3.45	−0.30354
0.5	0.479425539	1.5	0.997495	2.5	0.598472	3.5	−0.35078
0.55	0.522687229	1.55	0.999784	2.55	0.557684	3.55	−0.39715
0.6	0.564642473	1.6	0.999574	2.6	0.515501	3.6	−0.44252
0.65	0.605186406	1.65	0.996865	2.65	0.472031	3.65	−0.48679
0.7	0.644217687	1.7	0.991665	2.7	0.42738	3.7	−0.52984
0.75	0.68163876	1.75	0.983986	2.75	0.381661	3.75	−0.57156
0.8	0.717356091	1.8	0.973848	2.8	0.334988	3.8	−0.61186
0.85	0.751280405	1.85	0.961275	2.85	0.287478	3.85	−0.65063
0.9	0.78332691	1.9	0.9463	2.9	0.239249	3.9	−0.68777
0.95	0.813415505	1.95	0.92896	2.95	0.190423	3.95	−0.72319
1	0.841470985	2	0.909297	3	0.14112	4	−0.7568

위의 표를 가로축을 cup 값, 세로축을 sin 값으로 하여 그래프로 표시하면 다음 그림과 같습니다.

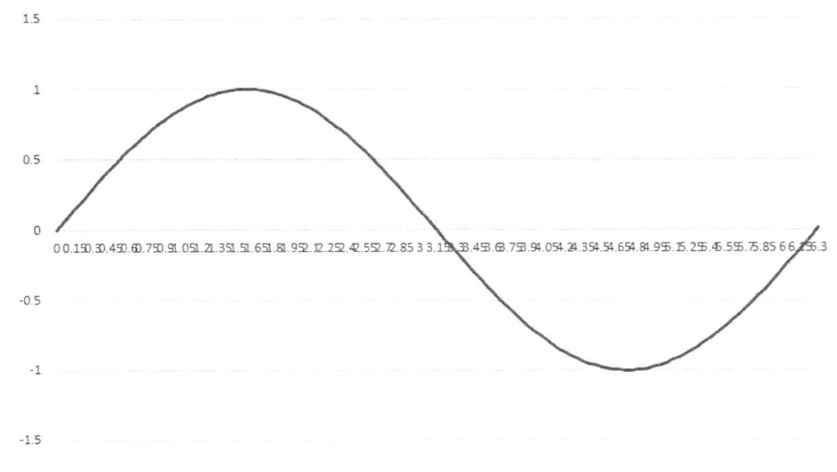

그림 11-4 Cup 값에 따른 sin 값의 변화 그래프

그렇다면 그림 11-2의 패치에서 세로축으로 투영되었던 sin의 값을 가로축으로 투영되게끔 패치를 수정해보겠습니다.

패치를 실행하면 점이 위아래로 움직이던 이전 패치와 달리 이번에는 점이 좌우로 움직이는 것을 확인할 수 있습니다. 여기서 처음에 했던 말을 떠올려보죠.

'리사주 도형에서 중요한 것은 두 개의 소리로부터 하나의 도형을 만들어낸다는 것입니다.'
그렇습니다. 하나의 소리는 위아래로, 또 다른 소리는 좌우로 움직이게 하여 그 두 지점이 합성된 위치를 그리면 그것이 리사주 도형이 됩니다.

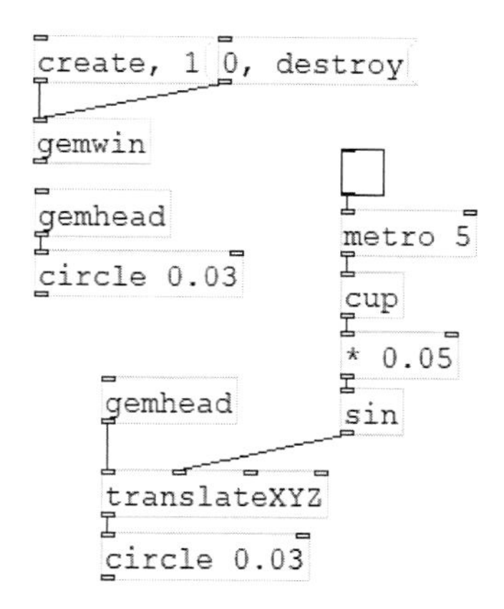

그림 11-5 좌우로 움직이는 사인파의 정사영 실험

그림 11-2의 패치에서는 점이 위로 올라갔다가 영점으로 되돌아왔다가 아래로 내려가고 다시 영점을 향해 움직이는 것을 반복했다면, 그림 11-5의 패치는 점이 오른쪽으로 갔다가 영점으로 되돌아왔다가 왼쪽으로 움직이고 다시 영점을 향해 움직이는 것이 반복됩니다.

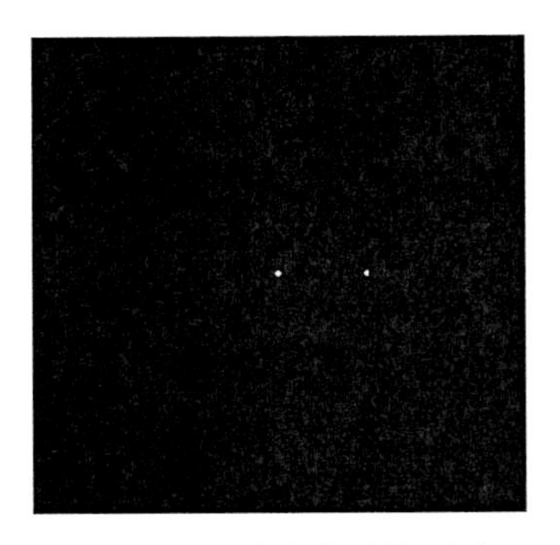

그림 11-6 패치의 실행 화면

그리고 그림 11-2와 그림 11-5 두 개의 움직임을 합성하면 점은 45도 틀어진 사선으로 움직이는 것을 예상할 수 있습니다. 그림 11-7과 같은 패치를 만들어서 확인해볼까요?

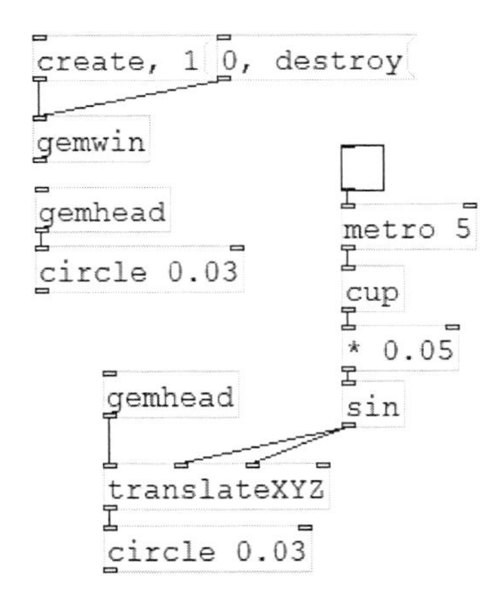

그림 11-7 같은 두 개의 신호로 만들어지는 리사주 패턴 실험

그림 11-8 패치의 실행 화면

그럼 이제부터 두 개의 신호로 만들어지는 리사주 패턴들을 확인해보도록 하겠습니다.

11.1 진폭이 다른 두 개의 사인파로 만들어지는 리사주

주파수(음높이)가 같고 위상(위상에 대한 이야기는 잠시 후에 다룰 것입니다.)도 같고 진폭만 다른 두 개의 사인파는 어떤 리사주 패턴을 만들어낼까요?

이를 위해서 다음과 같은 패치를 만들어봅시다.

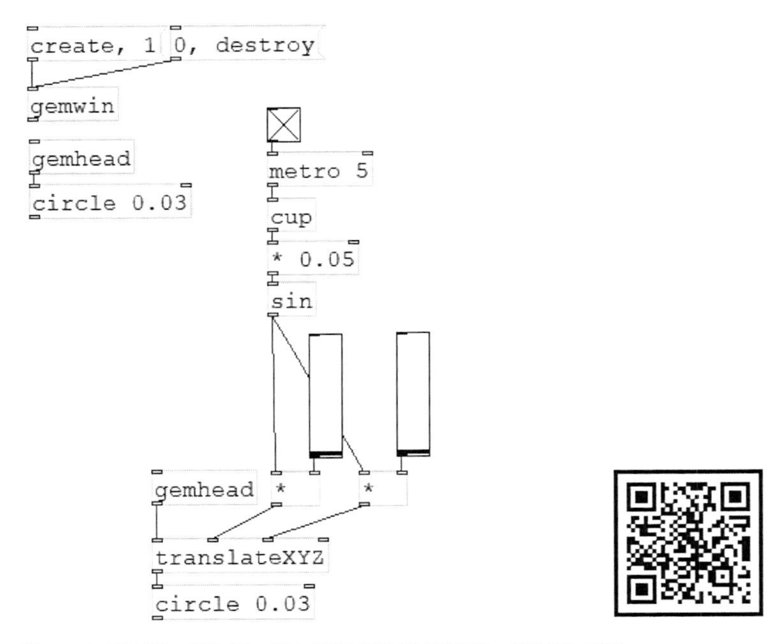

그림 11-9 진폭이 다른 두 개의 사인파로 만들어지는 리사주 패턴

여기서 슬라이더의 값의 범위는 0부터 2로 설정하였습니다. 두 개의 슬라이더를 움직여보면, 두 사인파의 진폭에 따라서 기울어진 정도가 바뀌는 것을 확인할 수 있을 것입니다.

11.2 주파수가 다른 두 개의 사인파로 만들어지는 리사주 패턴

이번에는 진폭과 위상은 같고 주파수가 다른 두 개의 사인파가 만들어내는 리사주 패턴을 확인해보도록 하겠습니다.

이를 위해서 다음과 같은 패치를 만들어봅시다.

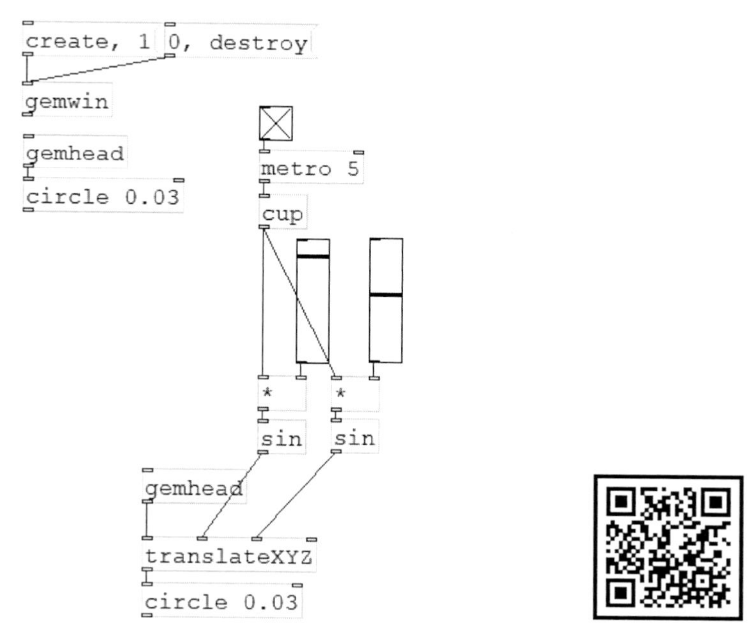

그림 11-10 주파수가 다른 두 개의 사인파로 만들어지는 리사주 패턴

이 패치에서 슬라이더의 값은 0부터 0.1로 설정하였습니다. 두 개의 슬라이더를 움직여보면, 두 사인파의 주파수에 따라서 만들어지는 다양한 패턴을 확인할 수 있을 것입니다.

11.3 위상이 다른 두 개의 사인파로 만들어지는 리사주 패턴

이번에는 진폭과 주파수가 같고 위상이 다른 두 개의 사인파가 만들어내는 리사주 패턴을 확인해보도록 하겠습니다. 이 이야기를 하기 전에 먼저 위상에 대한 설명을 해야겠네요.

그림 11-4를 보면 0일 때, 사인파의 위치는 0이고 우리가 흔히 파이(π)라고 이야기하는 3.141592…일 때 사인파의 위치는 다시 0이 되며 2 π일 때도 사인파의 위치는 0이 됩니다. 표로 나타내면 다음과 같습니다.

위상	위상	sin 값
0 * π	0	0.000
0.5* π	1.570796	1.000
1* π	3.141593	0.000
1.5* π	4.712389	−1.000
2* π	6.283185	0.000

표에서 보이듯이 사인파의 위치에 대한 정보가 위상이 됩니다. 그럼 위의 표에서 위상이 π만큼 밀리면 어떻게 될까요? 이때는 사인파의 역상(사인파를 뒤집어놓은 것과 같은 모양)이 만들어지게 됩니다. 그럼 사인파의 상을 움직이는 패치를 만들어보도록 하겠습니다.

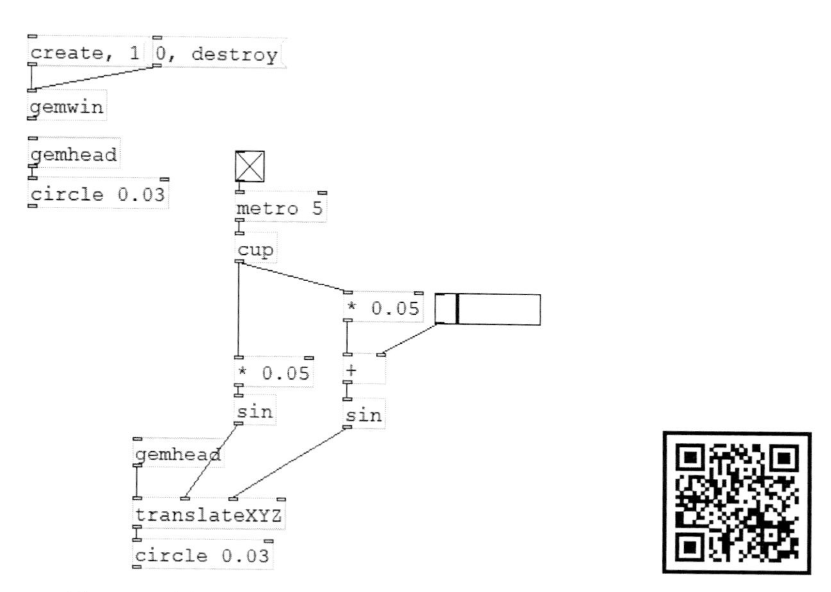

그림 11-11 위상이 다른 두 개의 사인파로 만들어지는 리사주 패턴

이 패치에서 슬라이더의 값은 0부터 3.141592(π)로 설정하였습니다. 슬라이더를 움직여보면, 두 사인파의 위상에 따라 다양한 패턴이 만들어지는 것을 확인할 수 있을 것입니다.

이제 대략 리사주 도형이 어떤 원리로 만들어지는지에 대한 감을 잡았을 것입니다. 그런데 리사주 도형은 일정한 무늬를 만들어내는 데 반해 우리가 지금까지 만들었던 패치는 점의 움직임을 살펴보는 데 그쳤죠. 그리고 패치도 상당히 복잡하고 엄밀하게 말하자면, 수식으로써의 사인파를 다뤘을 뿐 소리로써의 사인파는 아니었습니다. (소리를 내는 사인파는 [osc~] 객체를 사용합니다.)

사실 GEM 객체 중에는 오디오 신호를 입력받아서 리사주 도형을 만들어주는 객체가 있습니다. 바로 [scopeXYZ]라고 하는 객체인데요. 다만 처음부터 이 객체로 설명을 하지 않은 이유는 리사주 도형에 대하여 이해하고 감을 잡기 위해서였습니다. 이제 리사주 도형이 어떤 원리로 만들어지는지 또 각각의 소리의 요소들이 바뀔 때 리사주 도형이 어떤 식으로 변화가 생기는지에 대해서 충분히 감을 잡았으니까 [scopeXYZ] 객체를 이용하여 보다 다양한 패턴을 만들어보고자 합니다.

11.4 [scopeXYZ] 객체를 이용한 리사주 도형 만들기

[scopeXYZ]의 사용법은 아주 간단합니다. 앞서 다뤘던 3개의 리사주 패턴(진폭이 다른 두 개의 사인파, 주파수가 다른 두 개의 사인파, 위상이 다른 두 개의 사인파)들을 [scopeXYZ] 객체를 이용하여 구현해보면서 설명하도록 하겠습니다.

:: 진폭이 다른 두 개의 사인파에 대한 리사주 패턴

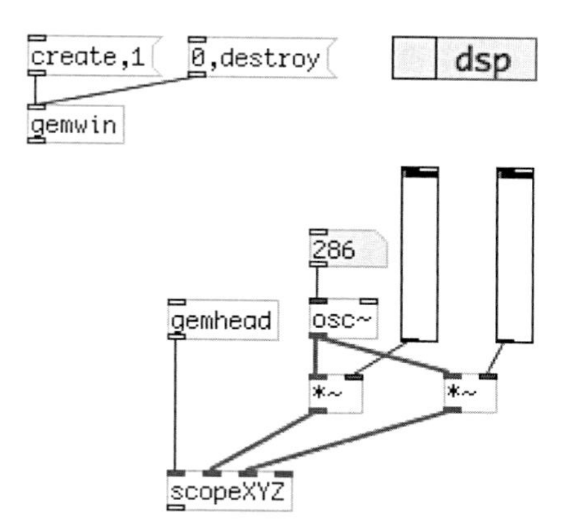

그림 11-12 [scopeXYZ] 객체를 이용한 구현 패치

앞서 다뤘던 그림 11-9의 패치와 비교하면 DSP를 켜고 끄는 스위치가 만들어진 것과 [sin] 객체 대신 실제 사인파의 소리를 내는 [osc~] 객체로 바뀐 점, 그리고 일반적인 곱셈 객체인 [*]가 아니라 소리의 곱셈 객체인 [*~]로 바뀐 점 등이 달라졌습니다. 그리고 패치는 오히려 그림 11-9에 비해서 더 단순해졌습니다. 패치를 다 만들었다면 DSP 스위치를 켜고 GEM 윈도우를 생성한 후 두 개의 슬라이더를 움직여보도록 합시다. (슬라이더의 값은 0~2까지로 설정합니다.)

그림 11-13 패치의 실행 화면

그림 11-9에서 만들었던 패치와 거의 비슷하지만 이번에는 점의 움직임이 아니라 사선이 만들어지는 것을 확인할 수 있습니다.

:: 주파수가 다른 두 개의 사인파에 대한 리사주 패턴

이번에는 다음의 패치를 만들고 그림 11-10의 패치와 비교해보겠습니다.

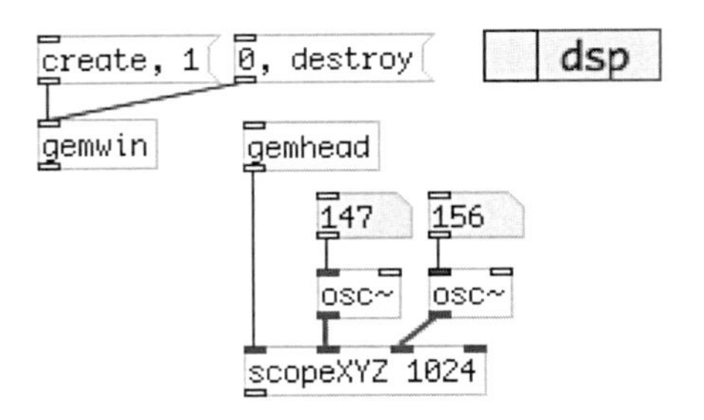

그림 11-14 [scopeXYZ] 객체를 이용하여 주파수가 다른 두 개의 사인파로 리사주 패턴 만들기 패치

그림 11-10의 패치에서는 점들이 움직이는 형태였기 때문에 리사주 패턴이나 리사주 도형이라는 느낌이 들지 않았었는데 [scopeXYZ] 객체를 이용하여 패턴이 그려지니까 리사주 패턴이라든가 리사주 도형이라는 용어가 훨씬 잘 이해가 되는 것 같습니다.

그림 11-14의 패치를 만들고 실행한 후 두 사인파의 주파수를 움직이면 굉장히 변화무쌍한 패턴들이 만들어지게 됩니다.

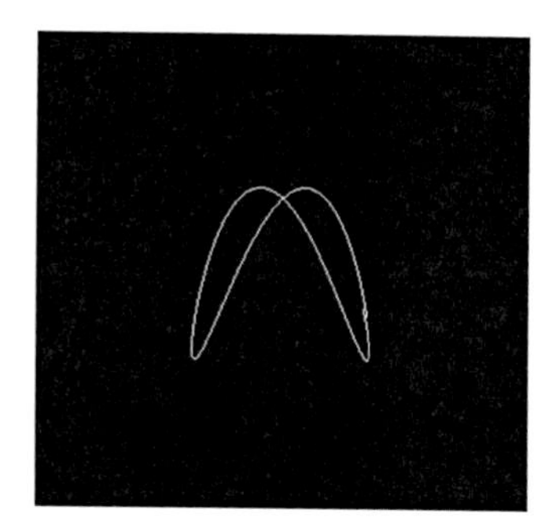

그림 11-15 패치의 실행 화면

여기서 [scopeXYZ] 객체의 아규먼트로 사용한 1024는 도형을 만들 선을 이루는 점의 개수 정도로 이해하면 됩니다. 저 값을 너무 적게 하면 패턴의 깜빡거림이 심하고 도형 같은 느낌이 들지 않으며, 저 값을 너무 크게 하면 패턴이 너무 복잡해질 수 있으니 적정한 값을 찾는 것이 좋습니다.

:: 위상이 다른 두 개의 사인파에 대한 리사주 패턴

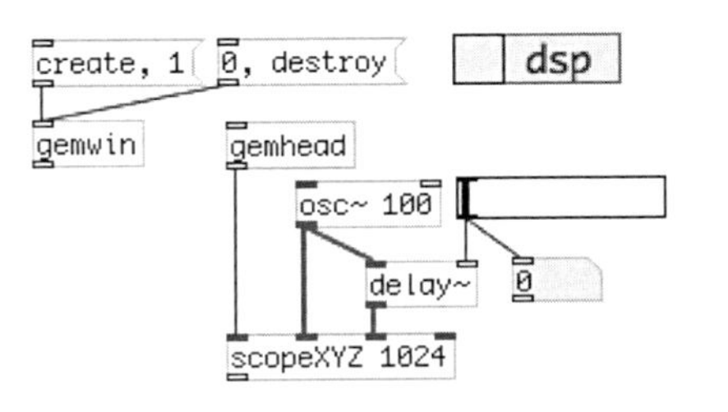

그림 11-16 [scopeXYZ] 객체를 이용하여 위상이 다른 두 개의 사인파로 리사주 패턴 만들기 패치

그림 11-16의 패치에서는 [osc~ 100]이라는 객체를 이용하여 100Hz의 사인파를 만들어내고 있습니다. 100Hz 면 1초에 100번 진동하는 사인파가 됩니다. 그리고 Pd의 샘플링 레이트는 44100Hz를 사용하고 있기 때문에 한번 진동하는데 총 441개의 샘플이 사용됩니다. 따라서 441개의 샘플만큼을 뒤로 밀면 한 주기만큼이 뒤로 밀리게 됩니다. 이를 위해서 원하는 샘플만큼 지연시키는 객체인 [delay~] 객체를 사용하였고 지연되는 샘플수는 [delay~] 객체의 오른쪽 Inlet과 연결된 슬라이더를 통해서 조절할 수 있게 설정하였습니다. 이때 슬라이더의 범위는 0~441로 설정하였습니다.

이제 패치를 실행하고 슬라이더를 움직이면 오른쪽으로 기울여져 있던 사선이 점점 타원 모양이 되고 원이 되었다가 왼쪽으로 기울어진 타원으로 바뀌고 왼쪽으로 기울어진 사선이 되었다가 다시 원이 되고 오른쪽으로 기울어진 사선이 되었다가 처음과 동일한 오른쪽으로 기울어진 사선으로 변화하는 것을 확인할 수 있습니다.

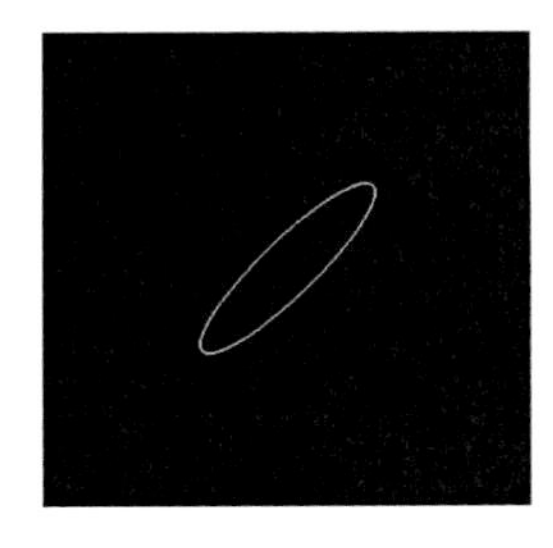

그림 11-17 패치의 실행 화면

11.5 음악을 리사주 도형으로 표현하기

리사주 도형은 2개의 오디오 신호로부터 하나의 기하학적 모양을 만들어내는 것입니다. 그런데 우리가 일반적으로 듣게 되는 음악의 경우 스테레오 음원을 사용하기에 왼쪽 채널과 오른쪽 채널의 두 가지 오디오 신호를 사용하고 있습니다. 이 성질을 이용하여 음악을 리사주 도형으로 표현하는 실험을 해보도록 하겠습니다.

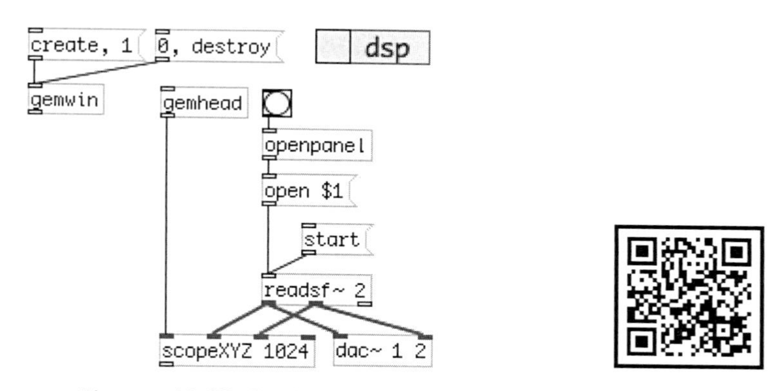

그림 11-18 불러온 음악을 리사주 도형으로 표현하기

이 패치를 실행하면 음악의 변화에 따라서 다양한 모양이 만들어지게 됩니다.

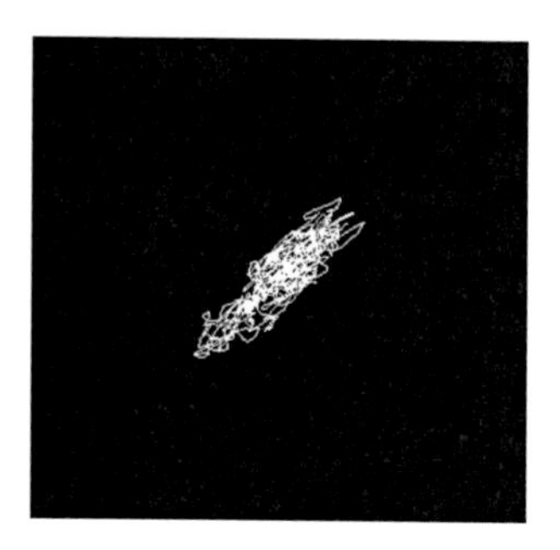

그림 11-19 패치의 실행 화면

그런데 아마 일반적인 음악을 불러오게 된다면 오른쪽으로 기울어진 사선을 중심으로 패턴이 움직이는 것을 확인하게 될 것입니다. 이것은 음악을 믹싱하고 마스터링하는 과정에서 음악의 소비자가 듣기 좋게 하기 위하여 왼쪽과 오른쪽의 밸런스와 위상을 일정하게 잡는 일련의 조작을 하기 때문에 믹싱과 마스터링 과정을 거친 대부분의 음악이 이런 특성을 나타내게 되는 것입니다.

그리고 믹싱이나 마스터링 과정에서 리사주 패턴을 보면서 작업을 하기도 하죠.

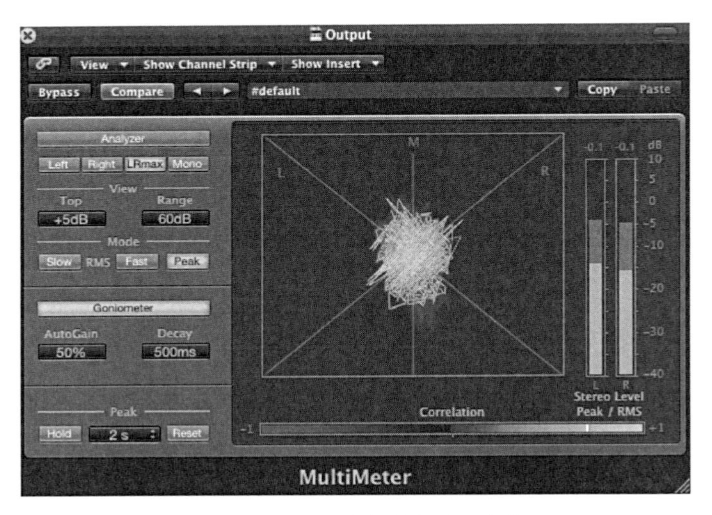

그림 11-20 믹싱에서 사용하는 리사주

다만 믹싱에서 리사주 곡선을 볼 때는 중앙에서 소리가 날 때 오른쪽으로 기울어진 사선보다는 중앙의 곧은 선으로 그려지는 것이 보다 직관적이고 해석이 편리하기 때문에 그림 11-20에서 보는 것과 같이 리사주 곡선을 반시계 방향으로 45도 회전시켜서 사용합니다. 이를 그림 11-18 패치에 적용한다면 다음과 같이 구현할 수 있습니다.

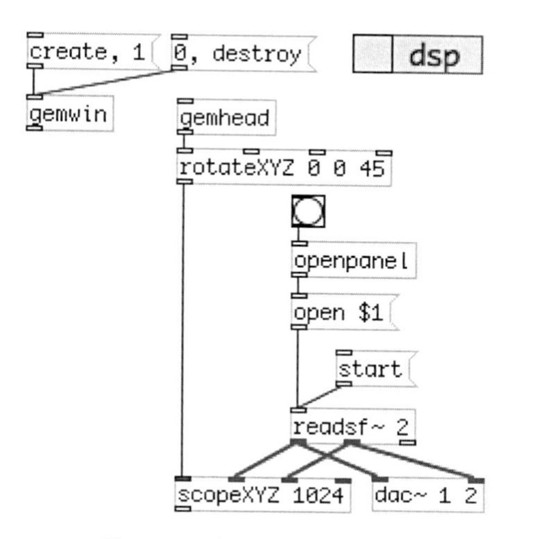

그림 11-21 반시계 방향으로 45도 회전시킨 리사주

이제 그림 11-21의 패치를 실행하고 음악을 재생하면 중앙의 선을 중심으로 선들이 분포하는 것을 확인할 수 있을 것입니다.

그림 11-22 패치의 실행 화면

11.6 소리의 요소(음색)로 리사주 도형 표현하기

지금까지는 두 개의 오디오 신호에 대한 리사주만을 다루었지만 [scopeXYZ] 객체는 3개의 오디오 신호에 대한 리사주를 표현할 수도 있습니다. 따라서 음악의 저음, 중음, 고음을 입력으로 하여 리사주 도형을 표현해볼 수 있겠다는 생각이 드네요.

다음과 같은 패치를 만들어보겠습니다.

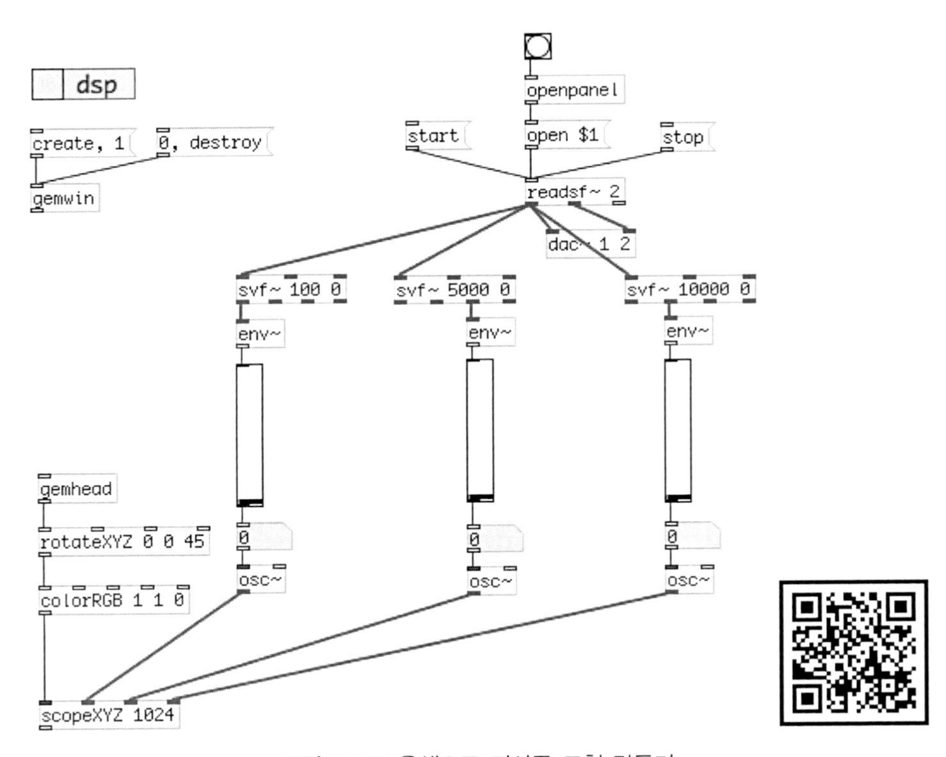

그림 11-23 음색으로 리사주 도형 만들기

그림 11-23 패치에서는 불러온 음악의 음색에 따라 리사주 도형이 만들어지도록 하기 위해서 음악의 저음부(100Hz), 중음부(5000Hz), 고음부(10000Hz)에 대한 값을

각각 [env~] 객체를 통해 뽑아내었습니다. 그리고 그 각각의 값들을 앞서 만들었던 그림 11-14 패치에서와 같이 [osc~] 객체로 연결해주고 저음부, 중음부, 고음부가 [scopeXYZ] 객체의 X값, Y값, Z값을 각각 제어하도록 [scopeXYZ] 객체의 두 번째, 세 번째, 네 번째 Inlet으로 연결해주었습니다.
그리고 만들어지는 리사주 도형이 오른쪽으로 기울어지지 않도록 [rotateXYZ 0 0 45] 객체와 아규먼트 값을 설정해주었으며, 리사주 도형에도 색을 입힐 수 있지 않을까 하여 [colorRGB] 객체에 1 1 0의 아규먼트 값을 주어 노란색의 리사주 패턴이 그려지도록 하였답니다.

패치를 완성하였다면, 실행 모드로 전환하여 GEM 윈도우를 열고 원하는 음악 하나를 불러와 재생시키면 다음과 같은 화면이 연출되겠죠?

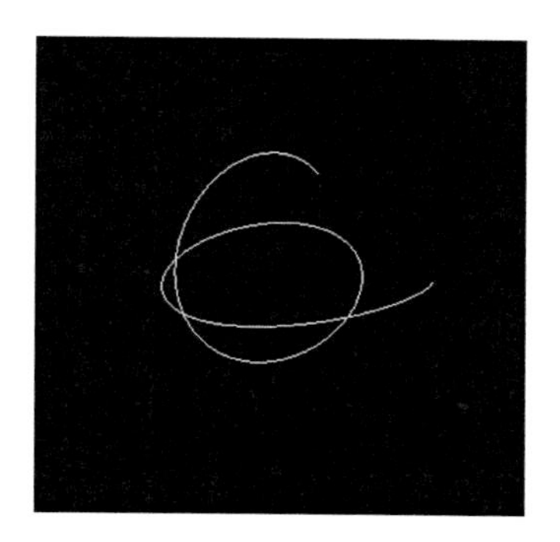

그림 11-24 패치의 실행 화면

이렇게 해서 리사주 도형에 대하여 다루어 봤습니다. 리사주의 원리를 알았다면 이를 응용해서 훨씬 더 다양하고 재미있는 결과를 만들어낼 수도 있을 것입니다. 소리의 3요소를 이용하여 리사주 도형을 제어할 수 있는 여러분만의 다양한 방법들을 찾아보길 권합니다.

Chapter 12

Pd 사용에 유용한 팁들

Chapter 12 Pd 사용에 유용한 팁들

지금까지 우리는 소리를 시각화하는 다양한 방법들에 대하여 알아보았습니다.

다만 이 책에서 다룬 내용은 소리를 시각화하는 기본적인 방법들로써 여러분이 여러분의 작품으로 사용을 하려면 여러분만의 독특한 아이디어가 있어야 할 것이며 그 아이디어를 구현할 때는 이 책에서 소개한 기법들을 조합하거나 변형하는 등의 작업이 필요할 것입니다. 이렇게 이 책에서 다룬 기본적인 패치들을 응용하기 위해서는 어쩌면 Pd의 다양한 명령 객체들을 사용해야 할지도 모릅니다. 또 그렇게 여러분만의 패치를 만들다 보면 패치가 너무 복잡해져서 나중에는 여러분의 패치를 스스로 보는 것조차 힘들어지는 일들이 생길 수도 있습니다.

그래서 이번 장에서는 Pd를 다루는 데 도움이 될 만한 다양한 팁들을 소개하고자 합니다.

12.1 도움말(Help)의 활용

Pd는 굉장히 많은 명령 객체들을 가지고 있습니다. 오랫동안 Pd를 사용하여 다양한 작업들을 해왔지만 저 역시도 Pd의 명령 객체를 다 알고 있지는 못합니다. 그렇기 때문에 Pd는 굉장히 잘 정리된 도움말(Help) 메뉴를 갖추고 있습니다.
Pd를 실행하고 콘솔창의 도움말 메뉴를 클릭하면 다음과 같은 메뉴들이 나옵니다.

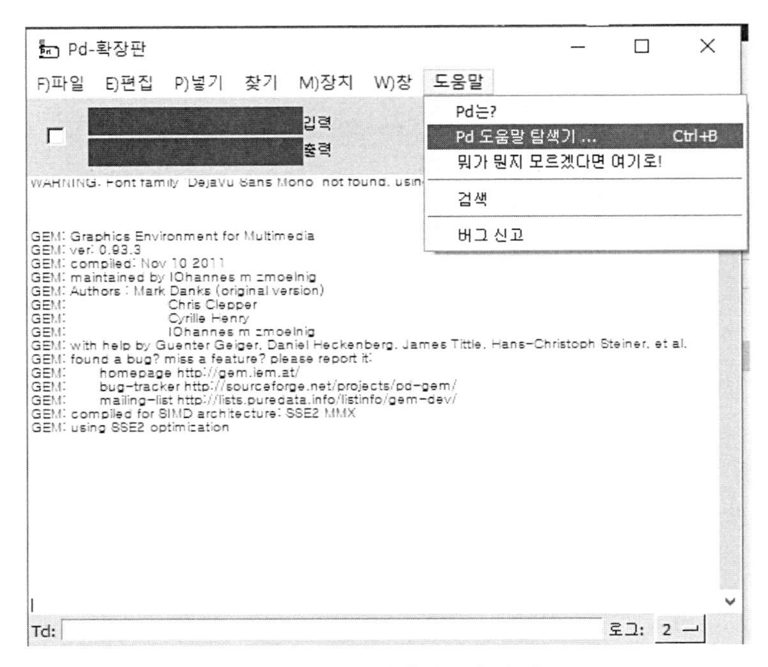

그림 12-1 Pd 콘솔창의 도움말 메뉴

여기서 그림 12-1과 같이 Pd 도움말 탐색기를 선택하면 다음과 같은 새로운 창이 나타나게 됩니다.

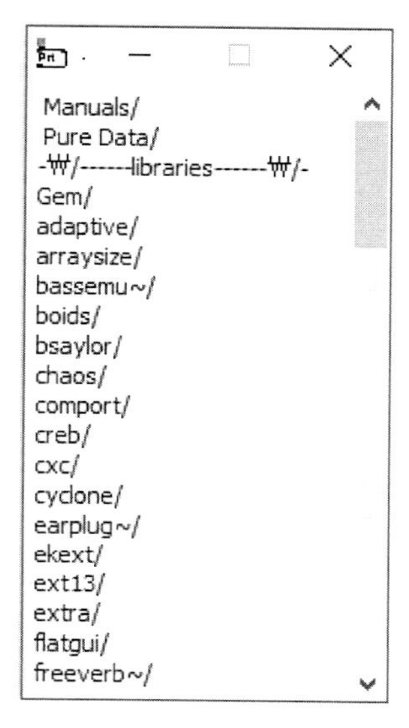

그림 12-2 Pd 도움말 탐색기

여기서 Manuals를 선택하면 다음과 같이 Manuals의 하위 메뉴를 펼쳐볼 수 있습니다.

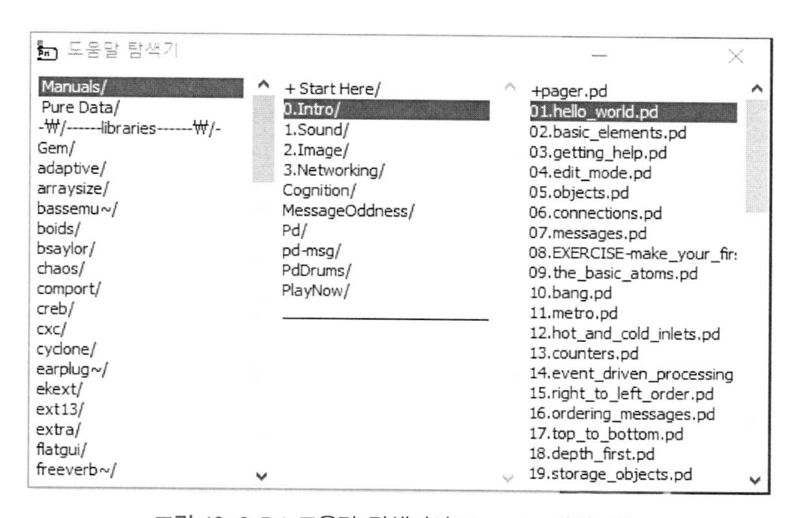

그림 12-3 Pd 도움말 탐색기의 Manuals 하위 메뉴

Manuals는 말 그대로 매뉴얼의 성격을 가지고 있는데 매뉴얼의 각 부분이 하나의 패치로 구성이 되어 있어 따라하면서 Pd에 익숙해질 수 있습니다.

예를 들어서 Manuals → 0.Intro → 01.hello_world.pd를 선택하면 다음과 같은 패치가 열립니다.

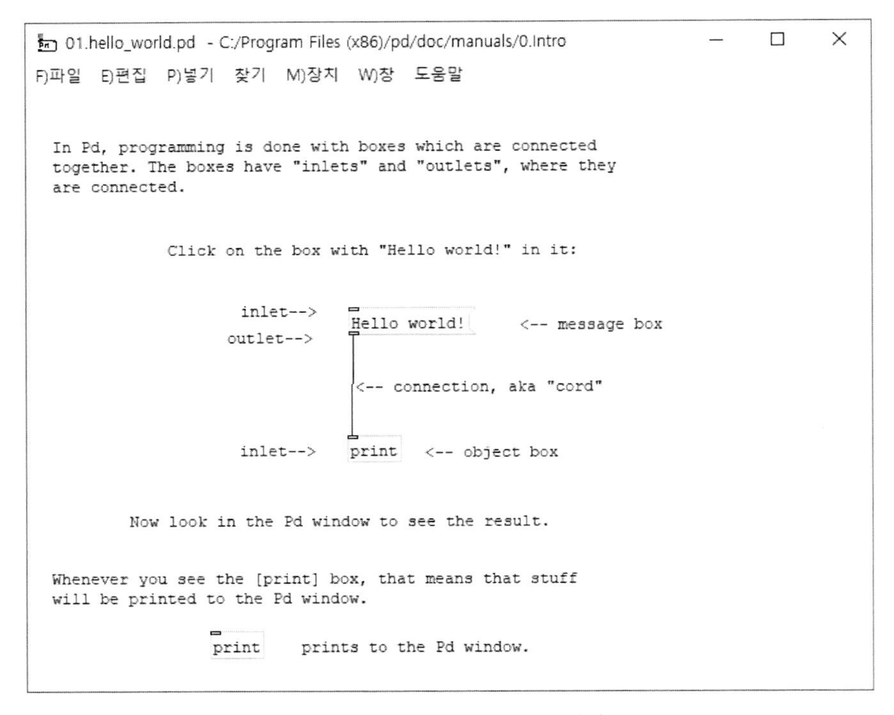

그림 12-4 Hello_world.pd 패치

이와 같이 하나의 패치가 매뉴얼의 한 챕터처럼 구성이 되어 있으므로 Manuals 메뉴를 통해서 차근차근 Pd를 배워갈 수도 있습니다. 다만 그러기에는 시간이 좀 걸릴텐데 우리는 이미 이 책을 통해서 어느 정도 Pd에 익숙해졌기에 굳이 이 Manuals을 정독할 필요는 없을 것 같습니다. (그리고 영문으로 되어 있다는 것도 처음 Pd를 접하는 사람들에게는 살짝 부담이 되기도 하고요.)

하지만 꼭 Manuals가 아니더라도 각 객체들에 대한 도움말을 찾아볼 수도 있는데요. 가령 예를 들어 지난 장에서 다뤘던 GEM의 [scopeXYZ] 객체에 대해서 알고 싶다면 다음의 그림과 같이 Gem → scopeXYZ ~ help.pd를 선택하면 됩니다.

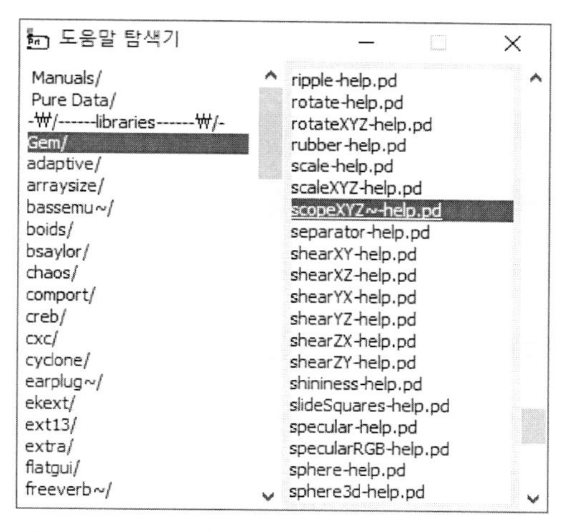

그림 12-5 GEM→[scopeXYZ] 객체에 대한 도움말

참고로 저의 경우는 가끔 심심할 때 아래의 사이트에 들어가서 Pd에 어떤 명령 객체들이 있는지 살펴보곤 합니다.

http://booki.flossmanuals.net/pure-data/list-of-objects/introduction

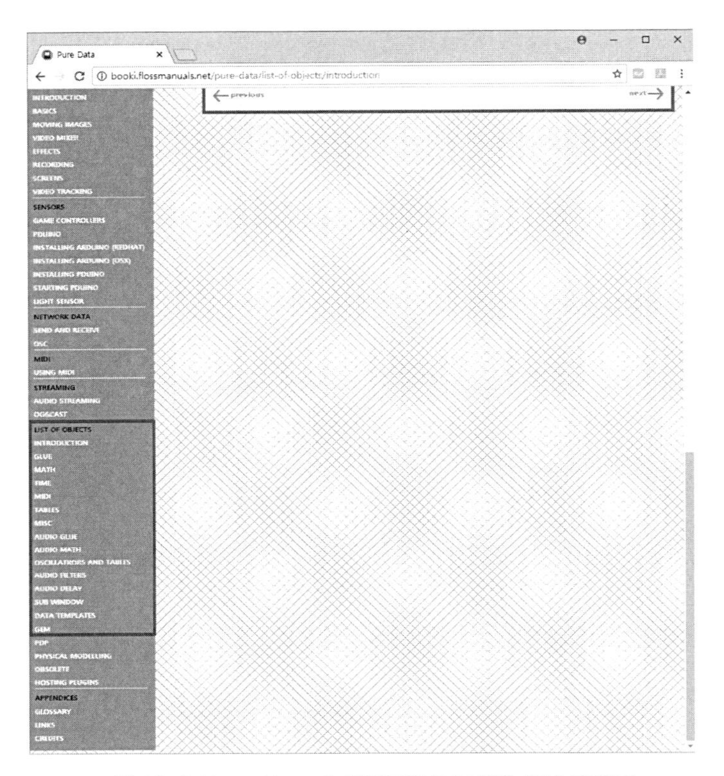

그림 12-6 Floss Manual 사이트의 Pd 객체 설명 페이지

위의 사이트에서 아래로 스크롤해보면 그림 12-6과 같이 왼편에 List of Objects 메뉴가 있습니다. 여기서 간략하게 소개된 객체의 설명을 보고 구체적인 사용방법은 Pd에 내장되어 있는 도움말 기능을 이용하고 있습니다.

이때 콘솔창의 도움말 메뉴를 사용할 수도 있지만 새 파일을 하나 만든 후 알고 싶은 객체를 만든 다음, 만들어진 객체에서 마우스의 오른쪽 버튼을 클릭하여 도움말을 볼 수도 있습니다.

그림 12-7 만들어진 객체에서 마우스의 오른쪽 버튼 클릭을 이용한 도움말 열기

아직까지는 도움말이 전부 영어로 되어 있어서 약간의 불편함이 있기는 하지만 도움말이 비교적 쉽게 쓰여 있고 설명이 친절하게 되어 있어서 Pd를 사용하는 데 많은 도움이 될 것입니다.

12.2 Pure Data 관련 서적 소개

도움말이 모두 영어로 되어 있어서 부담감이 있으신 분들을 위해서 여기서는 한글로 쓰인 Pd 관련 서적 두 권을 소개하고자 합니다.

- 『미디어 아트를 위한 Puredata 레시피_Image Programming』(정현후 지음, 씨아이알 출판)
  이 책은 GEM을 위주로 이미지를 어떻게 다루고 프로그래밍할지에 대해서 친절하게 쓰인 입문서입니다. 이 책을 통해 GEM에 대한 더 다양하고 깊이 있는 내용을 공부할 수 있을 것입니다.
- 『미디어 아트를 위한 Puredata 레시피_Sound Programming』(정현후 지음, 씨아이알 출판)
  이 책은 Pure Data 본래의 취지인 사운드 프로그래밍에 대해서 친절하게 쓰인 입문서입니다. Pd를 이용한 사운드 디자인이나 음성 합성에 대해서 공부할 수 있을 것입니다.

본 책에서는 Pd를 이용한 소리의 시각화에 초점이 맞춰져 기술되어 있습니다. 그렇기 때문에 이 책을 읽으면서 사운드 프로그래밍 또는 이미지 프로그래밍에 대해서 더 자세하게 알고 싶은 독자분들도 계시리라 생각이 됩니다. 혹시 이 책을 읽고 나서 Pd를 이용한 이미지 프로그래밍이나 사운드 프로그래밍에 대해서 더 알고 싶으신 분은 위의 두 책을 읽어보길 권합니다.

12.3 서브 패치의 활용

패치를 만들다 보면 패치가 너무 복잡해지는 경우가 종종 있습니다. 패치가 너무 복잡해지면 패치를 보는 것도 수정하는 것도 어려워지게 됩니다. 이런 경우 패치를 보기 좋게 재구성할 수 있는 방법이 있는데 서브 패치가 바로 그 방법입니다.

가령 예를 들어서 GEM 윈도우를 열고 닫는 명령 자체를 하나의 패치로 따로 만들어 둔다면, 복잡했던 패치가 훨씬 보기 쉬워질 것입니다.

아래의 패치는 기존의 GEM 윈도우를 열고 닫는 명령의 패치를 토글 스위치 하나로 제어하게끔 수정한 패치인데요.

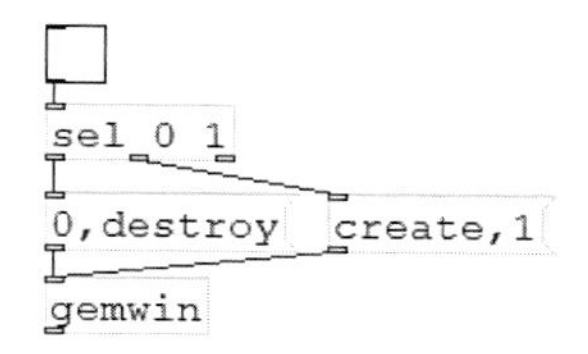

그림 12-8 토글 스위치로 GEM 윈도우를 열고 닫는 패치

토글 스위치는 On일 때(X가 되었을 때) 1이라는 값을 내보내고, Off일 때 0이라는 값을 내보내게 됩니다. 그리고 [sel 0 1] 객체는 Inlet을 통해 들어온 값이 0일 때는 첫 번째 Outlet으로 뱅을 내보내고 1일 때는 두 번째 Outlet을 통해서 뱅을 내보냅니다. 그리고 아규먼트에서 설정되지 않은 값, 즉 여기서는 0이나 1의 값이 아닌 경우에는 마지막 Outlet으로 뱅을 내보냅니다.

따라서 토글 스위치가 Off일 때는 첫 번째 Outlet으로 뱅을 출력하여 [0, destroy (메시지 상자를 활성화시켜서 GEM 윈도우가 닫히고, 토글 스위치가 On일 때는 두 번째

Outlet으로 뱅을 출력하여 [create, 1 (메시지 상자를 활성화시켜서 GEM 윈도우가 열리게 됩니다. 이렇게 패치를 구성하면 보다 손쉽게 GEM 윈도우를 열었다 닫기를 할 수 있지만 패치는 살짝 복잡해지고 그만큼 공간도 많이 차지하게 되겠죠? 그래서 그림 12-8의 패치를 하나의 서브 패치로 만들어보고자 합니다.

우선 하나의 객체를 생성하고 pd gemWin이라고 입력한 후 빈 공간을 클릭하여 객체를 생성합니다. 그럼 [pd gemWin]이라는 객체가 생성이 되고 새로운 창이 하나 열립니다. pd는 서브 패치를 의미하고 gemWin은 새로 생긴 서브 패치 창의 이름이 됩니다.

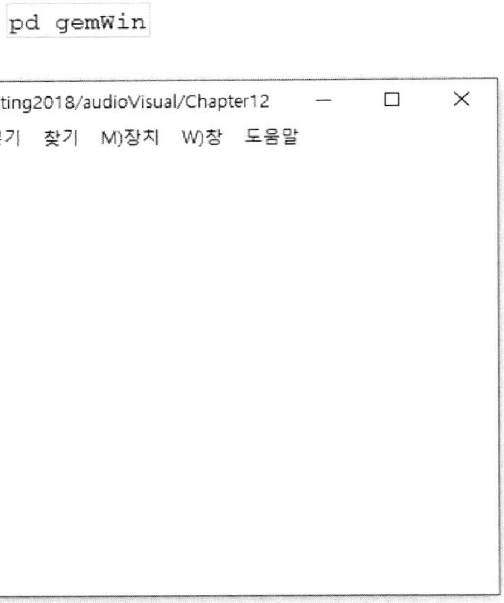

pd gemWin

gemWin - D:/writing2018/audioVisual/Chapter12

F)파일 E)편집 P)넣기 찾기 M)장치 W)창 도움말

그림 12-9 [pd gemWin] 서브 패치의 생성

이제 새로 열린 서브 패치 내부에 그림 12-8의 패치를 집어넣습니다.

pd gemWin

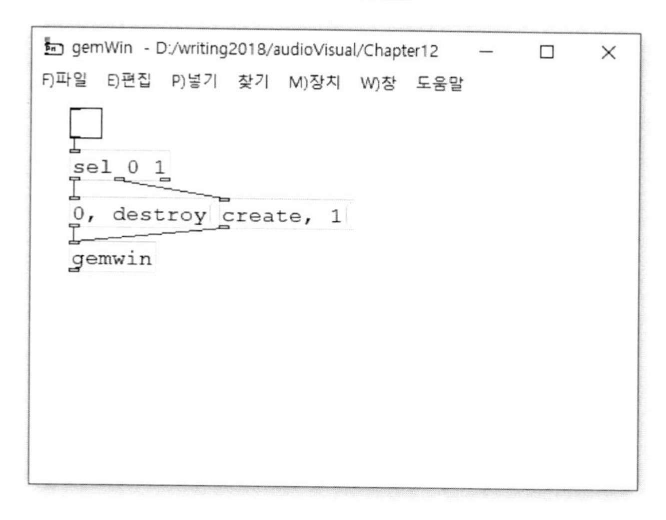

그림 12-10 서브 패치의 구성

그런데 이렇게만 구성하고 나면 토글 스위치를 누르려고 할 때마다 서브 패치를 열어야 하기 때문에 불편합니다.

그래서 우리가 새로 생성한 [pd gemWin] 객체에 마우스 오른쪽 버튼을 클릭하여 속성을 선택합니다.

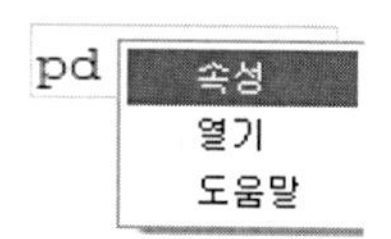

그림 12-11 새로 만든 서브 패치의 속성 선택

그러면 그림 12-12와 같이 캔버스 속성이라는 창이 새로 열리게 되는데 여기서 '그래프로 업히기'를 선택합니다. 그러면 그림 12-12와 같이 서브 패치 창(gemWin) 안에 빨간색 네모가 나타나게 되는데, 이때 네모 안에 위치한 컨트롤 객체들(슬라이더나 토글 스위치나 뱅 스위치, 주석과 같은…)은 서브 패치 객체(pd gemWin) 위에 회색으로 표시가 됩니다. 이를 위해서 캠퍼스 속성의 '범위와 크기'에서 가로축의 크기(X의 크기)와 세로축의 크기(Y의 크기)를 적당하게 조절합니다.

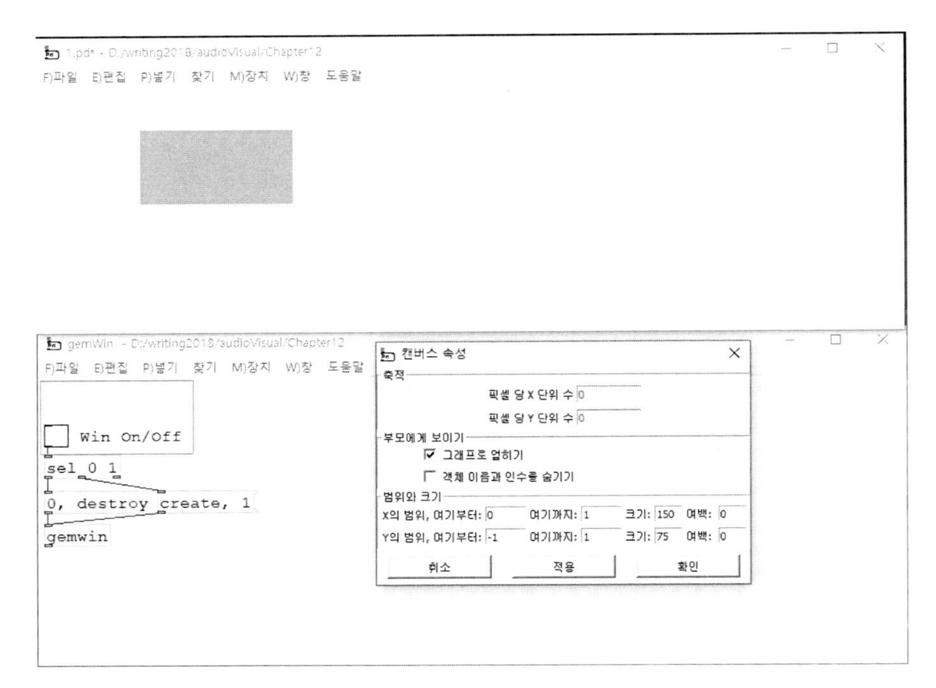

그림 12-12 캔버스 속성창

저는 토글 스위치가 GEM 윈도우를 열고 닫는 데 쓰인다는 것을 표시하기 위해 Win On/Off라고 하는 주석(메뉴 넣기-주석)을 함께 포함시켰습니다. 여기까지 작업이 완료되었다면 확인을 클릭합니다.

그리고 서브 패치 창까지 닫고 나면 [pd gemWin]은 다음과 같이 깔끔하게 표시가 됩니다.

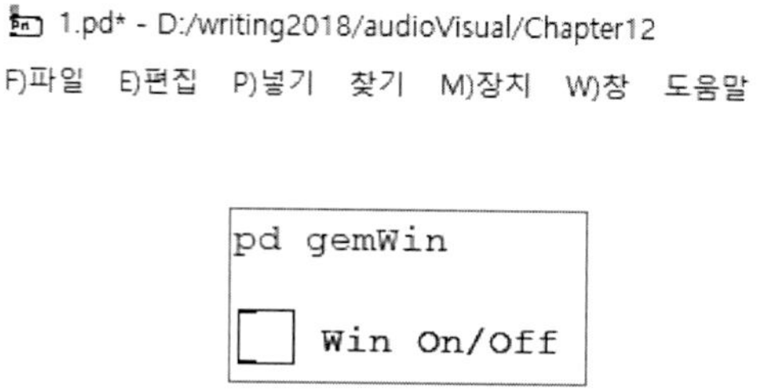

1.pd* - D:/writing2018/audioVisual/Chapter12

F)파일 E)편집 P)넣기 찾기 M)장치 W)창 도움말

pd gemWin

Win On/Off

그림 12-13 속성 설정을 마친 서브 패치 객체

이제 편집 모드를 해제하고 서브 패치 객체의 토글 스위치를 클릭하면 GEM 윈도우가 열렸다 닫혔다 합니다. 이런 식으로 서브 패치를 활용하면 전체 패치를 단순하고 보기 쉽게 정리할 수 있습니다.

12.4 나만의 객체 만들기

위에서 사용한 방법은 패치를 상당히 보기 쉽고 사용하기 편하도록 바꿔주는 이점이 있습니다. 그런데 GEM 윈도우를 열었다 닫는 것처럼 자주 사용하는 기능이라면 매번 패치를 만드는 것보다 나만의 객체를 만들어 사용할 수도 있습니다. 다만 이 경우에는 내가 만든 객체의 패치 파일과 내가 만들고 있는 패치가 같은 폴더 안에 위치해 있어야 합니다.

우선 새로운 파일을 열어서 그림 12-14와 같은 패치를 구성해봅시다.

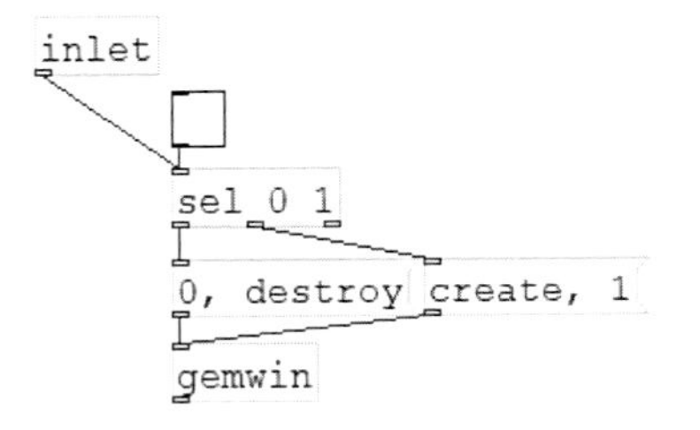

그림 12-14 나만의 객체 만들기

그림 12-8의 패치와 차이점이 있다면 [sel] 객체 위에 토글 스위치 이외에 [inlet]이라는 객체가 하나 더 연결되어 있다는 것입니다. [inlet] 객체는 이 패치가 서브 패치가 되거나 또는 지금과 같이 다른 파일에서 객체로 사용될 때 어떤 신호를 입력받는 Inlet의 역할을 하게 됩니다. 지금 감이 잘 안 와도 다음의 그림에서 바로 이해가 될 것입니다.

이제 이 패치를 windowOpen.pd라는 이름으로 저장을 합니다. 그리고 새로운 파일을 또 만듭니다.
그리고 새로운 파일에서 객체를 하나 만들고 windowOpen이라고 입력을 합니다.

그러면 다음 그림과 같이 Inlet이 하나 있는 [windowOpen]이라는 객체가 만들어집니다. (이때 만약 객체 생성에 실패한다면 방금 windowOpen.pd 패치를 저장한 위치의 같은 폴더 안에 현재 새 파일을 저장한 후 다시 시도한다면 [windowOpen] 객체가 성공적으로 생성된답니다.)

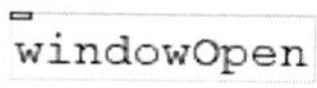

windowOpen

그림 12-15 새로 만든 객체

windowOpen.pd 파일에서 [sel] 객체와 [inlet] 객체를 연결해놓았으니 [windowOpen] 객체의 Inlet에 토글 스위치를 연결해보도록 하겠습니다.

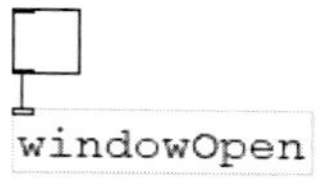

windowOpen

그림 12-16 새로 만든 객체와 토글 스위치의 연결

이제 실행 모드에서 토글 스위치를 클릭하면 GEM 윈도우가 열렸다가 닫히기를 반복하게 됩니다.

이와 같이 나만의 새로운 객체를 만들어 사용하게 되면 패치의 재사용이 가능해져서 복잡한 패치를 더 효율적이고 간편하게 구성할 수 있게 됩니다.

이렇게 해서 이번 장에서는 퓨어 데이터를 더 잘 사용할 수 있는 방법들에 대하여 다뤄보았습니다.

이번 장의 초반에 언급한 것과 같이 Pd는 굉장히 방대하고 자유로우며 큰 가능성을 가지고 있는 도구입니다. 따라서 여러분이 상상하는 것을 구현하는 데 큰 힘이 되어줄 것입니다. 많은 것을 상상하여 흥미롭고 재미있는 여러분만의 작품들을 만들어가길 바랍니다.

맺음말

처음 교수님께 '소리의 시각화'에 대한 책의 공저 제의를 받았던 날이 생각나네요. 공학적인 부분에는 무지하던 내가, Pure Data라는 프로그램과 친숙하지 않은 내가 과연 잘 해낼 수 있을까라는 두려움과 함께, 10여 년 전 학부 수업을 통해 인연을 맺어 그 후로 늘 존경하던 교수님과의 공동 작업이라니…. 크나큰 설렘과 감사함이 공존했던 기억이 납니다.

제게 두려운 프로그램이던 Pd와 이제는 많이 친숙해지고 어느새 모든 장의 글을 끝마치고 맺음말을 쓰고 있는 저를 보니 감회가 새롭습니다.
그리고 동시에 독자 여러분들께서도 이 맺음말을 읽고 계신 지금은 저처럼 Pd가 더 이상 낯설지 않은 프로그램이었으면 하는 바람입니다. 또한 Pd를 이용하여 시각 요소들을 소리 요소들로 제어하는 간단한 패치들은 어렵지 않게 만들 수 있게 되셨기를 기대해봅니다.

사실 우리 주변에는 소리가 시각화된 사례들(책에서 언급했듯이 카오디오의 스펙트럼 아날라이저, 윈도우 미디어 플레이어의 Visualizations 등)이 많이 있지만, 막상 소리를 시각화한다고 했을 때 그것이 가능한 것인지 살짝 의구심이 드는 것도 사실입니다. 아마 독자 여러분 중에는 호기심으로 이 책을 읽기 시작한 분도 계시리라 생각합니다.

소리의 시각화에 대해 연구하고 원고를 쓰며 가장 집중한 부분은 단순히 보기 좋은 패치들을 만드는 것이 아니라, 현재 귀로 들리는 것이 보이고 있다는 게 잘 느껴질 수 있는 패치인가와 청각을 시각화했을 때 그것의 미적인 의미가 있는가였습니다.

그리고 소리나 음악을 시각적으로 재현하며 나의 눈과 귀가 함께 즐거울 수 있다는 건 참으로 놀랍고 행복한 일이었습니다.

이 책을 통해 여러분들만의 상상으로 다양한 패치를 만들고 실험하며, 아직까진 국내에서 조금 생소한 비주얼 뮤직(Visual Music)이나 뉴미디어를 활용한 미디어 아트 혹은 인터랙티브 뮤직(Interative Music) 분야에서 이 책이 많이 활용되었으면 합니다. 저 또한 이 책을 계기로 음악과 과학이 접목된 융합 미디어 분야를 더 깊이 있게 공부하고, 청각과 시각이 함께 제어될 수 있는 다양한 연구를 해볼 생각입니다.

이 책의 마지막 페이지까지 모두 읽고 실습하시느라 고생하셨습니다. 많은 독자 분들께 도움이 되셨기를 바라며 맺음말을 이만 마치겠습니다. 감사합니다.

아울러 부족한 저에게 공저를 제안해주신 채진욱 교수님과 저를 믿고 항상 응원해주는 저의 가족들과 소중한 제 사람들에게 또한 진심 어린 감사의 인사를 올립니다.

2018년 7월

김수정

찾아보기

기타

저자 소개

채진욱

어린 시절부터 컴퓨터와 기술을 좋아하고 음악에 열광하며 사운드를 사랑해서 학부에서는 물리학을 전공하며 음향학을 공부하였고 대학원에서는 컴퓨터 공학(DSP)을 전공하며 컴퓨터를 이용한 소리 합성을 연구하였다.

KURZWEIL Music Systems에서 사운드 엔지니어로 일하며 다양한 신시사이저를 개발하였고 Native Instruments Reaktor 5의 DSP 개발에 참여하기도 하였다.

14년간 대학에서 사운드와 신시사이저, 컴퓨터 음악을 강의하였으며 경기대학교 전자디지털음악학과에서 겸임교수로 일하며 김수정 선생과 같은 실력 있는 제자를 만나는 행운을 얻기도 하였다.

미국의 스타트업 회사에서 인공지능을 사운드와 접목하는 연구를 담당하였고 지금은 ㈜SMRC의 기술이사로 재직하며 인공지능 음악 엔진을 개발하고 있다.

저서로는 『아두이노 for 인터랙티브 뮤직』(인사이트), 『Octave/MATLAB으로 실습하며 익히는 사운드 엔지니어를 위한 DSP』(씨아이알), 『FAUST를 이용한 사운드 프로그래밍』(씨아이알), 『상상 속의 소리를 현실로 사운드 디자인』(씨아이알)이 있다.

김수정

어린 시절 노래가 흘러나오면 길거리라도 멈춰서 흥얼거리며 춤을 췄다고 한다.

좋아하는 음악을 직접 만들어보겠다는 열망 하나로 경기대학교 예술대학 전자디지털음악학과에 입학하였고, 미국 미시간 주립 대학교(MSU) 음악대학에서 3학기 동안 교환학생 시절을 보냈다. 교환학생 시절 듣는 음악에서 보는 음악으로의 관심이 많아져 학부 졸업 후 이화여자대학교 공연예술대학원에서 음악공학을 전공하며 영상음악에 대해 공부하였고, 다수의 예능, 다큐, 광고, 게임 등의 BGM 및 사운드 작업에 참여하였다.

〈로스트(Lost)에 나타나는 마이클 지아키노의 드라마 음악 특징 연구〉라는 국내 최초의 미국 드라마 음악 분석 논문으로 석사학위를 받았으며, 현재는 영화, 연극 등 다양한 매체와 함께할 수 있는 음악을 작곡하며 성남시청소년재단하에 청소년들의 작곡 진로 멘토로도 활동하고 있다. 앞으로는 보고 듣는 것을 넘어서 체험할 수 있는 뉴미디어 음악 분야에 대한 연구를 계획하고 있다.

비트의 펜으로 화음을 채색하다

소리의 시각화

초판인쇄 2018년 9월 21일
초판발행 2018년 9월 28일

저 자 채진욱, 김수정
펴 낸 이 김성배
펴 낸 곳 도서출판 씨아이알

책임편집 박영지, 김동희
디 자 인 김수정, 윤지환, 윤미경
제작책임 김문갑

등록번호 제2-3285호
등 록 일 2001년 3월 19일
주 소 (04626) 서울특별시 중구 필동로8길 43(예장동 1-151)
전화번호 02-2275-8603(대표)
팩스번호 02-2265-9394
홈페이지 www.circom.co.kr

I S B N 979-11-5610-696-8 93560
정 가 18,000원